VRを気軽に体験

# モバイルVR コンテンツを作ろう!

酒井 駿介＝著

最新版のUnity 2017を使った
Gear VR＆ハコスコで動く
VRコンテンツの作り方

インプレス

本書のサンプルプログラムは以下の URL で公開しています。
https://github.com/thinkitcojp/mobileVR-samples

# 目 次

# 第1章　モバイルVR開発をはじめよう

本書では、モバイルでVRコンテンツを開発するためのテクニックを紹介していく。本格的な開発にとりかかる前に、まずは現在のVRをめぐる状況を整理してみよう。

## 1.1　2016年はVR元年

多くのメディアで、2016年は「VR元年」と紹介されている。なぜなら、今年は「Oculus Rift」や「HTC Vive」、「PlayStation VR」といった有力なVRデバイスの発売が次々に予定されており、それらを使ったVRコンテンツを本格的に楽しむことができるようになるからだ。

これらのデバイスはヘッドマウントディスプレイ（HMD）になっており、これを頭部に装着することで、ヴァーチャル空間上でゲームやシミュレーションを行うことができるというわけだ。SF映画やアニメで描かれていたことが、ついに現実で体験できるようになっているのだ。

デバイスには、大きく分けて主にデスクトップ・コンソールVRデバイスと、モバイルVRデバイスの2種類が存在する。デスクトップ・コンソール向けは、Oculus RiftやHTC Vive、PlayStation VRといった製品だ。それぞれPCやコンソール機に接続して遊ぶことができる。

筆者はすでにこれらのVRデバイスを遊んでるが、いずれも非常に没入感の高いVR体験を味わうことができる。目の前に広がる映像は本当に美しく、いつまでもヴァーチャル空間にとどまっていたいと思えたほどだ。

一方、VR空間の描画には、それなりにハイスペックなマシン・ハードウェアが必要になる。特にグラフィックカードは高品質な3DCG映像をレンダリングするために、より高性能なものが求められる。さらにはマシンやHMD、センサ類をそれぞれ接続・設置しなくてはならない。こういったセットアップ作業が、とにかく大変なのだ。このようなコンソール型のVRデバイスは、腰をすえてどっぷりヴァーチャル世界に入り浸りたい人以外には、なかなか敷居が高いと思われるかもしれない。

## 1.2　気軽に楽しめるモバイルVR

一方、「もっと気軽に VR を楽しみたい」、という人も多いはず。その要望に応えるのが「モバイル VR」だ。これは誰もが持っているスマートフォンを HMD をにして VR コンテンツを楽しむというものだ。コンソール型 VR デバイスのように、ハイスペックマシンを用意したり面倒な配線に困ることもない。モバイル VR は、よりカジュアルにヴァーチャル空間での体験を楽しむことができるのだ。現在（2017/01）、主に 3 つのモバイル VR デバイスがすで発売されている。

### Gear VR

Gear VR（図 1.1）は、サムスン電子と Oculus VR 社が展開するモバイル VR デバイスだ。Gear VR にスマートフォン「Galaxy シリーズ」を装着することで HMD として機能するようになる。モバイル VR といえど、非常に没入感の高い VR 体験を味わうことができる。また、「Oculus Store」と呼ばれる独自のアプリ配信プラットフォームが用意されており、各アプリはそこを通じてダウンロード・プレイする仕組みになっている。

なお、2016 年に Gear VR の改良版が発表され、ハードウェアが改良されたほか、コントローラが追加された。

### Google Cardboard

Google Cardboard（図 1.2）は、Google が設計した VR/AR ビューワの総称で、スマホを取り付けることで HMD になる製品だ。このビューワは、物理的なサイズさえ合えば基本的にどんなスマホも取り付けることができる。Google はこの製品の仕様を公開しており、それを元に各ベンダーが様々な種類のビューワを製造・販売している。ビューワはダンボール製の簡易なものからプラスチックでできた本格的なものまで、多くの選択肢があるのが特徴だ。アプリの入手は通常のスマホのように App Store や Google Play から対応したものをダウンロードする。

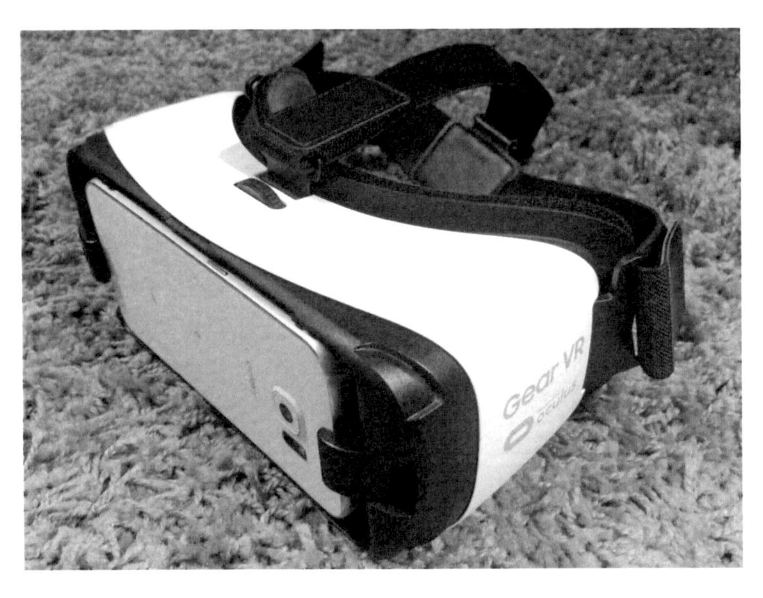


図 1.1　サムスン電子と Oculus VR 社が展開するモバイル VR デバイス「Gear VR」

図 1.2　Google が設計した VR/AR ビューワ「Google Cardboard」

## Google Daydream

Daydream は、Cardboard の高品質版と位置づけられた VR プラットフォームだ。コントローラ付きの HMD に、Daydream-ready に対応したスマートフォンをセットして使用する。残念ながら、2017 年 8 月現在、日本国内での正式展開はされていないが、本連載の解説では一応ビルドを作ることはできる。

## ハコスコ

ハコスコ（図 1.3）もまた、手持ちのスマホを装着することで HMD として利用できる VR ビューワの 1 つだ。日本企業であるハコスコ社から発売されており、ダンボール・紙で作られたものやプラスチックでできた製品も用意されている。Google Cardboard とは違い、一眼タイプのビューワも用意されているため、子供も安全に使用できるとのこと（一眼・二眼の違いは後述）。

iOS/Android で公開されている"ハコスコ"アプリを通して VR コンテンツをダウンロードできるほか、App Store や Google Play から対応アプリを個別にインストールできる。

図 1.3　日本のハコスコ社が提供する VR ビューワ「ハコスコ」

### 本連載で想定するデバイスについて

紹介している HMD 本体とスマートフォンは 2016 年連載時のもので、それぞれ Gear VR(2015 年版) と Galaxy S6 edge を、ハコスコ / Google Cardboard 向けでは、Galaxy S6 edge および iPhone 6s での使用を想定している。

## 1.3　モバイル VR の遊び方

モバイル VR でコンテンツを楽しむには、事前にいくつかの準備が必要だ。製品によってその手順がことなるため、ここでは Gear VR と Google Cardboard/ハコスコの 2 つに分けて解説していく。なお、事前に必ずそれぞれの製品に付属している説明書・解説書をよく確認してほしい。また、VR 体験は安全な場所で行い、プレイ途中に気分が悪くなったり、不快感を感じたら、すぐに使用を中止しよう。

## 1.4　GearVR の遊び方

### 必要なもの

- Gear VR 本体
- Galaxy S6、S6 edge、Note 5、S6 edge+ のいずれか（docomo/au などのキャリアは問わず）

### 手順

1. Galaxy を Gear VR に取り付けて HMD 状態にする（図 1.4）。それを頭に装着すると、初回のみ Oculus アプリのインストールを促す画面が現れる。その後 HMD を外し、Galaxy も Gear VR から取り外してスマホ状態に戻そう。

図 1.4　Galaxy を Gear VR に取り付けて HMD 状態にする

2. 画面の案内に応じて Oculus アプリのインストールを進める（途中で Oculus アカウントを作成する必要がある）。その後、スマホ状態で Oculus アプリを起動すればコンテンツの購入やダウンロードが行うことができる（図 1.5）。

3. 再び Galaxy を Gear VR に取り付けて HMD 状態にし、頭に装着すると「Oculus Home」という画面が現れる（図 1.6）。初回のみここで操作のチュートリアルがあり、その後は自由にアプリやコンテンツをプレイできる状態になる。

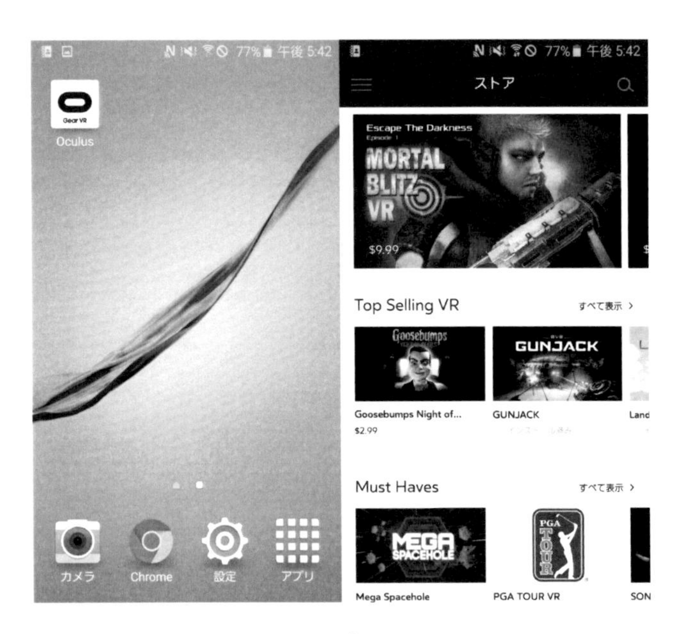


図 1.5　Oculus アプリのインストール

図 1.6 「Oculus Home」

# 1.5　Google Cardboard/ハコスコの遊び方

## 必要なもの

- Google Cardboard/ハコスコ ビューワ
- ビューワに対応したスマホ

## 手順

1. ビューワを組み立てる。最初から完成している製品もあるが、ダンボールなどで作られたものでは組み立てが必要なことが多い。それぞれの説明書を参考にして作業を行おう。

2. VR に対応しているスマホアプリを App Store/Google Play からダウンロードして起動する（図 1.7)。アプリによっては一眼・二眼のモードが選択できるので、ビューワに合わせて設定しておく。

図 1.7　VR 対応のスマホアプリをダウンロード

3. スマホをビューワに取り付けて HMD 状態にしたら、頭に装着したり、手で持ちながら顔に添えてコンテンツを視聴する。スマホをビューワにしっかり固定できないものもあるので、VR体験中にはスマホの落下に注意しよう（図 1.8）。

図 1.8 VR 体験中はスマホのズレや落下に注意！

## [column] 一眼と二眼の違い

前述したように、ビューワによっては一眼と二眼のものが存在する。これは「コンテンツのステレオ表示に対応しているか、していないか」の違いだ。スマホの画面を左右 2 つに分割するのがステレオ表示だが、この時それぞれの画面に視差をつけることで、二眼のビューワを通して見た時に映像が立体的に視聴できる。より臨場感のある映像を楽しみたい場合は、二眼のビューワを用いてステレオ表示モードがあるコンテンツを選択すると良いだろう（図 1.9）。

一方、一眼のビューワを用いる場合は、コンテンツはモノラルな状態で表示される必要がある。画面は 1 つのままなので当然映像に視差はなく、二眼の場合と比べて迫力は劣ってしまうことになるが、眼に対する負担はこちらのほうが少ない。眼の成長途中にある子どもが VR 体験をする場合は一眼ビューワを用いるべきだ。とはいえ、いずれにしても眼に負担がかかることは間違いないので、保護者の監視のもと長時間のプレイは避けたほうが良いだろう。

図 1.9　二眼ビューワでは臨場感のある映像を楽しめる

今回は、今が旬の VR 技術について、モバイル機器で簡単に体験するための基礎知識を紹介した。モバイル VR を体験するためにどのような機器が必要で、現状どのようになっているのかを整理できたのではないだろうか。

次章からは、モバイル VR 開発に必要な環境構築について解説する。

# 第2章　モバイルVRの開発環境を構築しよう



今回は、モバイル VR コンテンツ開発に必要な環境を構築する手法を紹介する。実際に自身の PC に開発環境を構築し、コンテンツ制作をはじめられるようにするのが目的だ。

まずは、「そもそもどのように VR コンテンツを開発していくのか」を確認してみよう。

## 2.1　モバイルVRコンテンツの開発手法

VR コンテンツは、主に次の 2 つ機能からなる、とみなすことができる。

1. ヴァーチャル空間を 3D 映像としてレンダリングする機能
2. HMD（ヘッドマウントディスプレイ）の傾き・位置情報・ボタン等の、入力を行う機能

このうち、1. の 3D レンダリング機能はモバイルであれば「OpenGL ES」アーキテクチャを利用して作ることができるが、もっとも現在は Unity や Unreal Engine などのゲームエンジンを使用するのが一般的だ。2. の入力機能もまた、ゲームエンジン側が提供している豊富な入力機能を利用して実装することが可能だ。つまり、ゲームエンジンを用いてモバイルアプリをビルドすることでスマホで動く VR コンテンツが制作できるワケだ。

本書では、2016 年現在で最も有力なゲームエンジンの 1 つ、Unity を使った VR コンテンツ開発を紹介していく。

## 2.2　Unityとは

Unity を知らない読者はほとんどいないだろうが、ここで改めて紹介しておこう。Unity は

様々なプラットフォームへのアプリビルドに対応しているゲームエンジンだ（図 2.1）。モバイルゲーム・アプリの分野で数多くのタイトルに採用されていることで知られている。日々アップデートを重ねており、2015 年秋にリリースされたバージョン 5.1 からは Oculus VR デバイスのサポートがインテグレートされた。つまり、Unity だけで Gear VR 用のコンテンツを作ることができるようになったのだ。

また、様々なプラットフォームへのビルドをサポートする Unity なら、1 つのソースで Gear VR とハコスコ/Google Cardboard で動くアプリを作ることができる[*1]。

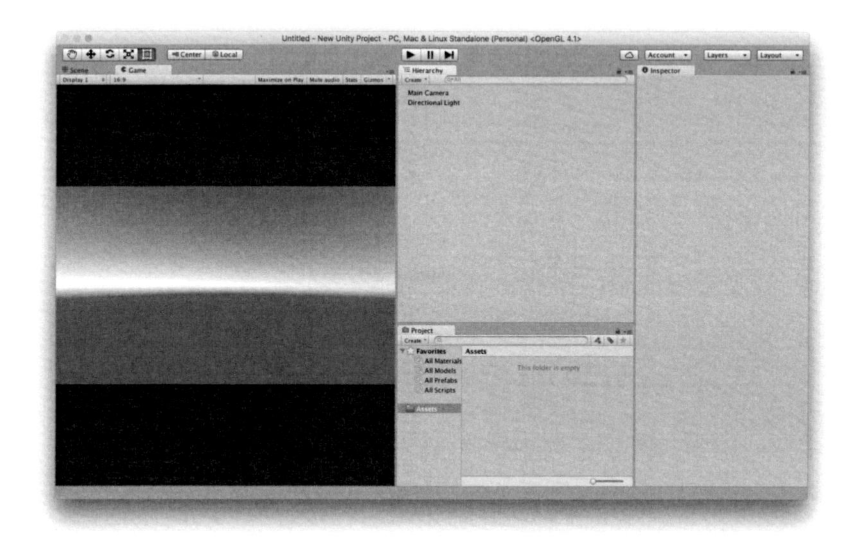


図 2.1　Unity の開発画面。画面左のシーンにゲームの要素を配置しながらゲーム作りを進めていく

使用する Unity のバージョンについても気をつける必要がある。

## 2.3　HMD ごとの環境構築作業を確認する

開発環境を構築するにあたり、使用する HMD やモバイルプラットフォームによって必要なものが異なってくる。Unity は共通して必要になるが、以下の対応表を確認して具体的な作業を行ってほしい。なお、以下で紹介しているものはすべて無料でインストールすることができる。

*1　動作させるデバイスによって、入力関係の分岐処理やパフォーマンスチューニングが必要

表 2.1　HMD・プラットフォーム別開発対応表

| 必要なもの | Gear VR | ハコスコ / Google Cardboard（Android） | ハコスコ / Google Cardboard（iOS） |
|---|---|---|---|
| Unity | o | o | o |
| Android SDK | o | o | x |
| Osig の作成 | o | x | x |
| Xcode | x | x | o |
| 開発 OS | Windows / mac OS | Windows / mac OS | mac OS |

## 2.4　Unityのインストール

それでは、さっそく開発環境を構築していく。まずはUnity をインストールしよう。と、その前に、開発に使用する PC が次の条件を満たしていることを確認しておこう。

- Windows: Windows 7 以上
- mac OS: Yosemite 以上

条件の確認が済んだら、Unity をインストールする。2017 年 8 月現在で最新の Unity 2017.1 のインストーラをダウンロードしよう。

図 2.2　Unity パッチダウンロード

インストールを進めていくと、Unity コンポーネントを選択する画面が表示される（図 2.3）。ここでの Unity コンポーネントとは、Unity エディタ本体以外のドキュメントやサンプルアセット、他プラットフォームへのビルドに必要なモジュール類のことだ。今回は、最低でも次のコンポーネントにチェックをつけておけば良いだろう。

- Unity 2017.1
- Standard Assets（汎用アセット）
- Android Build Support（Gear VR や Android 端末向けにビルドしたい人）
- iOS Build Support（iOS 端末にビルドしたい人）

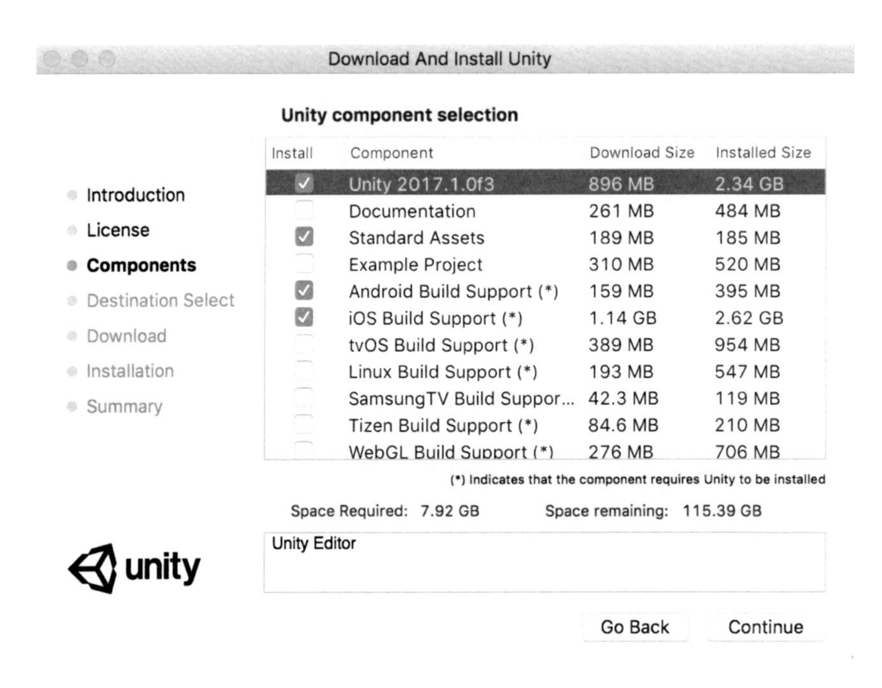


図 2.3　インストールする Unity コンポーネントを選択

インストールが終了したら Unity を起動して（図 2.4）、試しに Unity プロジェクトを作成したり問題なく使えるか確認しよう。

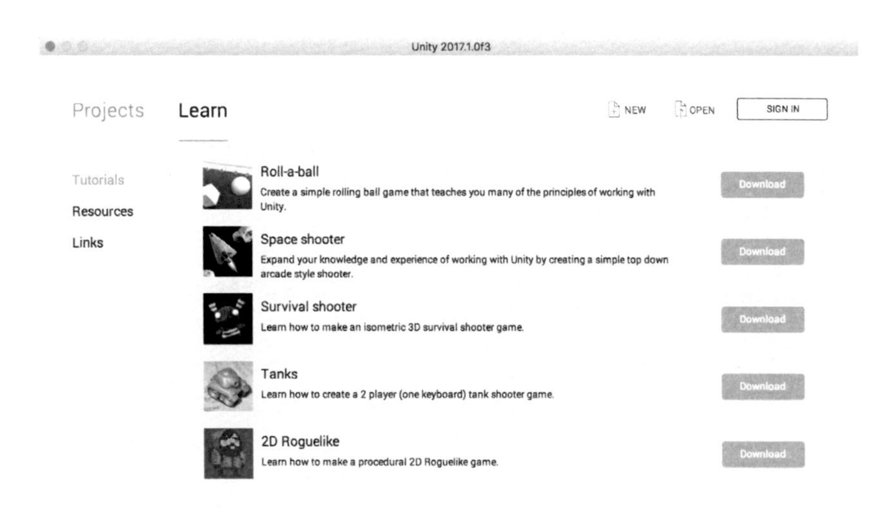


図 2.4　インストール後は Unity を起動して正常に動作するか確認しておこう

## [column] 複数のバージョンの Unity をインストールするには

Unity は頻繁に新機能を取り込みや不具合を修正したバージョンアップを行っているため、異なるバージョンが使われているプロジェクトが複数あると、すべてのバージョンのインストールも必要になる。通常、インストール先のフォルダは"Unity"となるが、インストール後にこのフォルダ名を"Unity バージョン名"というように手動で書き換えれば、複数のバージョンを同時にインストールすることが可能だ（図 2.5）。

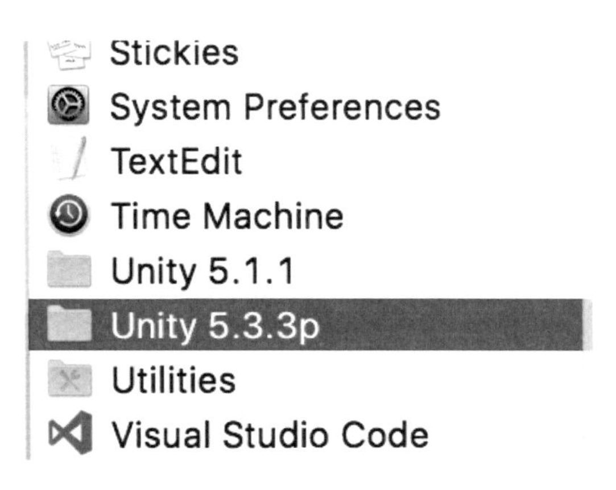


図 2.5　複数バージョンの Unity をインストールした場合のフォルダ構成

なお、Unityプロジェクトはなるべく同一バージョンのUnityで開くようにし、開発途中でバージョンアップを行う場合はプロジェクトのバックアップをとっておくようにしよう。また、複数人で開発を行う場合はメンバーへの周知も行っておこう。異なるバージョンで同一プロジェクトを開くのは様々なトラブルの原因となるため、注意が必要だ。

## 2.5　Android SDKのインストール

Android OS用のアプリを開発するためにはAndroid SDKをセットアップする必要がある。Gear VRアプリも実のところはAndroidアプリなので、この環境構築は必須だ。Android SDKのセットアップは、Android開発用IDEであるAndroid Studioで行う。

### Android Studioの入手とインストール

Windows/mac OSともに、事前にJava SE Development Kit 8 (JDK)*2のインストールが必要になる。忘れず行なっておこう。

次に、Android Studio*3をダウンロードする。(図2.6)。

図2.6 「Android Studio」をダウンロード

インストールしたら、Android Studioを起動しよう。プロジェクトのセットアップウィザー

*2　http://www.oracle.com/technetwork/java/javase/downloads/jdk8-downloads-2133151.html
*3　https://developer.android.com/studio/index.html

ドが現れるが、ここはキャンセルしておく。

## SDK Manager でインストール

Android Studio のウェルカムスクリーンが表示されたら、右下の「configure」から SDK Manager を起動しよう。SDK Manager を通して、Android SDK の各パッケージをダウンロード・インストールしていく。「Android SDK Location」の「Edit」へ進むと、SDK のインストールウィザードが現れる。基本的に NEXT を押下してそのままパッケージをインストールすれば良い。また、ここでの SDK のインストールパスは後で使用するので、控えておこう。



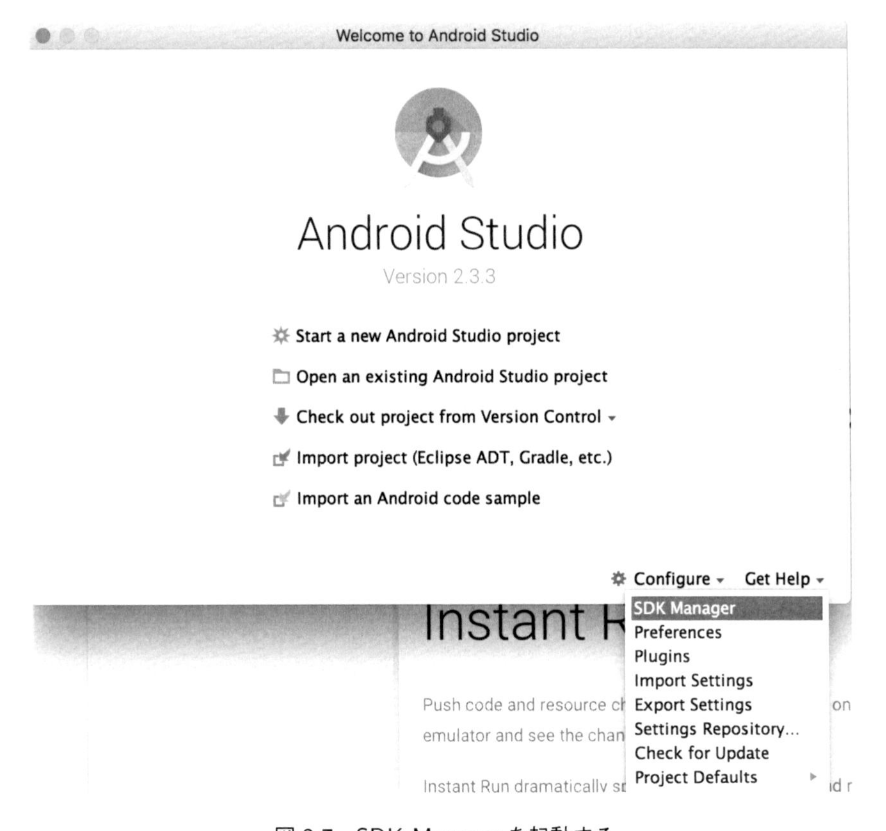


図 2.7　SDK Manager を起動する

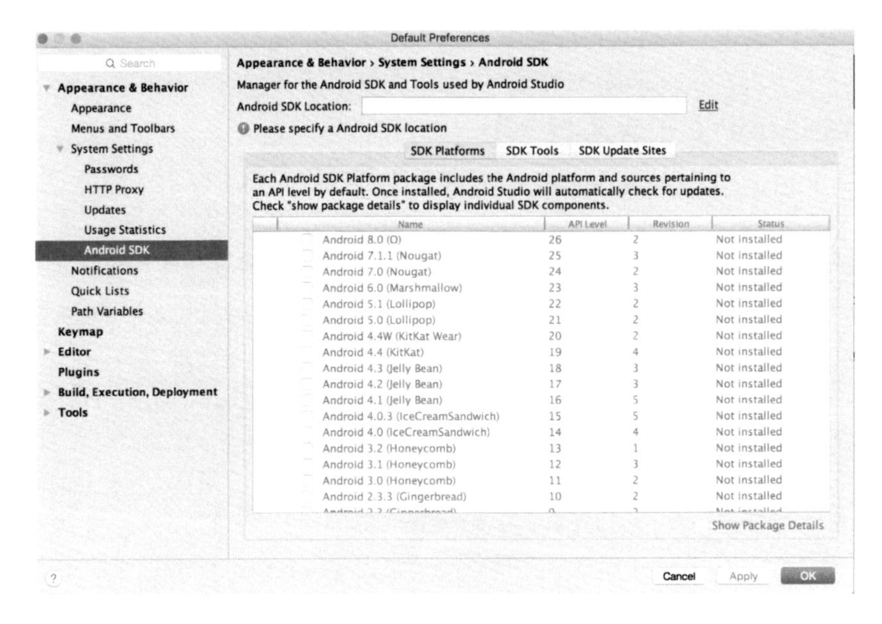


図 2.8　SDK をインストール

## 2.6　Unity に Android SDK を設定する

SDK のインストールが完了したら、Unity で Android SDK を利用できるようにするための設定を行う。Unity の「Unity Preference」から「External Tools」→「Android」と展開し、「SDK」に先ほど追加した Android SDK の場所を指定しておこう（図 2.9）。

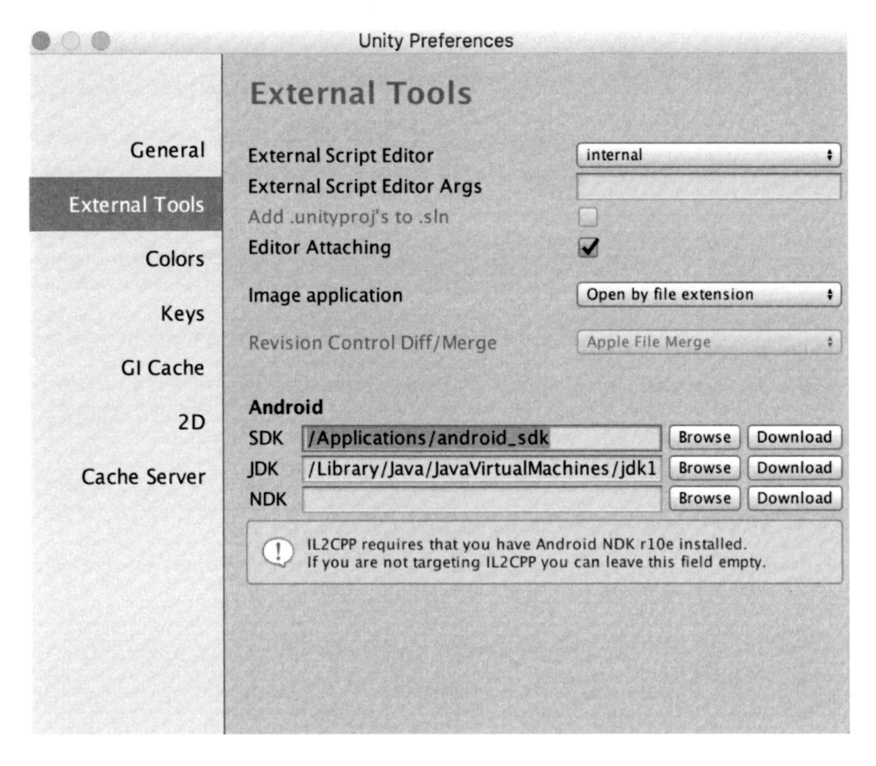


図 2.9　Unity に Android SDK の場所を指定する

## 2.7　SDK の不具合対策

Unity 2017.1 と Android Studio 経由でインストールする Android SDK には、VR サポートでビルドした場合に Android Manifest のコンフリクトが起こりビルドができない不具合が確認されている。以下のファイルをダウンロードし、<SDK のフォルダ>/tools に置き換えることで、この問題を回避できる。

- macOS: https://dl.google.com/android/repository/tools_r25.2.3-macosx.zip?hl=id
- Windows: https://dl.google.com/android/repository/tools_r25.2.3-windows.zip?hl=id

# 2.8 パスを通す

続けて、コマンドサーチパスに Android SDK を登録しよう。これにより、コマンドプロンプト/ターミナル経由で各 Android コマンドを実行できるようになる。操作に自信がない場合は、この作業をスキップしても構わない。

Windows の場合は、システム環境変数の PATH に以下のパスを設定する。

```
C:<SDK のフォルダ>\tools\;C:<SDK のフォルダ>\platform-tools\
```

mac OS の場合は、ホームディレクトリの .bash_profile へ以下のように PATH を記述し、ターミナルを再起動すれば良い。

```
export ANDROID_HOME=/<SDK のフォルダ>
export PATH=${PATH}:$ANDROID_HOME/tools:$ANDROID_HOME/platform-tools
```

パスを設定できたら、試しにコマンドプロンプト/ターミナルから adb コマンドを叩いてみよう。図 2.10 のようなヘルプが表示されれば OK だ。

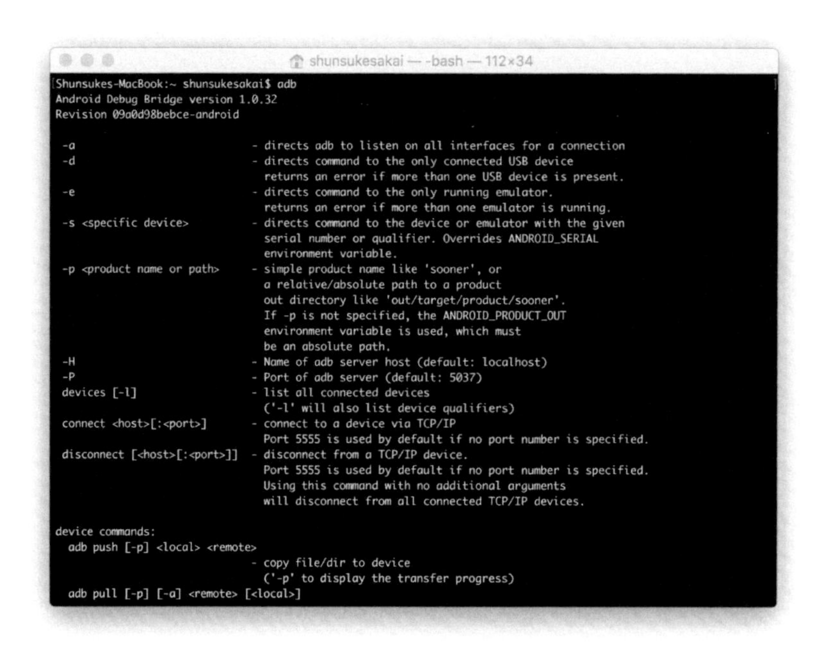


図 2.10　コマンドを叩いてヘルプが表示されればパスは正しく通っている

## 2.9 osig ファイルの作成（Gear VRのみ）

Gear VR 対応の VR コンテンツを開発する場合は osig ファイルを作成する。Gear VR の開発版アプリには「Oculus Signature File（osig)」と呼ばれる証明ファイルを含める必要がある。作成手順は次の通りだ。

- adb devices コマンドで Galaxy 端末の Device ID を表示する
- Andrid SDK にパスが通っていない場合は<Android SDK フォルダ>/platform-tools/adb ファイルをコマンドプロンプト/ターミナルにドラッグ・アンド・ドロップし、続いて device を入力する（図 2.11）。

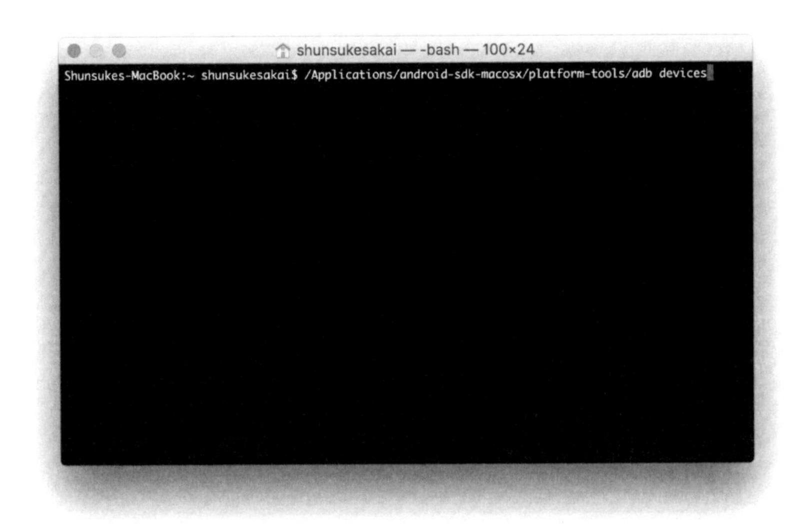


図 2.11 adb devices コマンドで Galaxy 端末の Device ID を表示

- device ID を Oculus Signature File (osig) Generator のフォームに入力する（図 2.12）
- ファイルをダウンロードする

このファイルは、後ほど Unity エディタでの開発時に使用するため保管しておこう。また、開発に使用する Galaxy 端末毎に作成する必要があることにも注意してほしい。

iOS 向けにアプリをビルドする場合は、mac OS 専用の IDE である「Xcode」が必要だ。mac

図 2.12　device ID を Oculus Signature File (osig) Generator のフォームに入力

OS の App Store から Xcode を検索してインストールしよう（図 2.13）。

なお、Xcode7 からビルドが無料で行えるようになったが、アプリの配布には有償の「Apple Developer Program」に加入した上で、各種証明ファイルなどを作成する必要がある。

図 2.13　Xcode のダウンロード（App Store）

これで、Unity を使ったモバイル VR コンテンツの開発環境は整った。次章は、サンプルプロジェクトを使って GearVR・Google Cardboard・ハコスコ向けにアプリをビルドしてみよう。

# 第3章　サンプルプロジェクトをビルドしてみよう

前章は、モバイル VR の開発に必要な環境をセットアップする方法を解説した。今回は、Unity から実機にサンプルプロジェクトをビルドして、実際にヴァーチャル空間に入ってみよう。

## 3.1　サンプルプロジェクトを入手する

Unity を通して、様々な便利ツールやアートアセットをダウンロードできる仕組みが「Unity Asset Store」だ。もちろん、この Asset Store から VR の開発に役立つアセットも入手できる。中でも特におすすめしたいのが、Unity がオフィシャルで提供するアセット「VR Samples」だ(図 3.1)。このサンプルアセットには、VR の開発に役立つ便利ツールだけでなく、銃や乗り物、UI といったヴァーチャル空間での使用に適したアートアセットも梱包されているのだ。しかも、ありがたいことに無料で提供されている。この VR Samples を使って、Unity における VR 開発のはじめの一歩を踏み出してみよう。

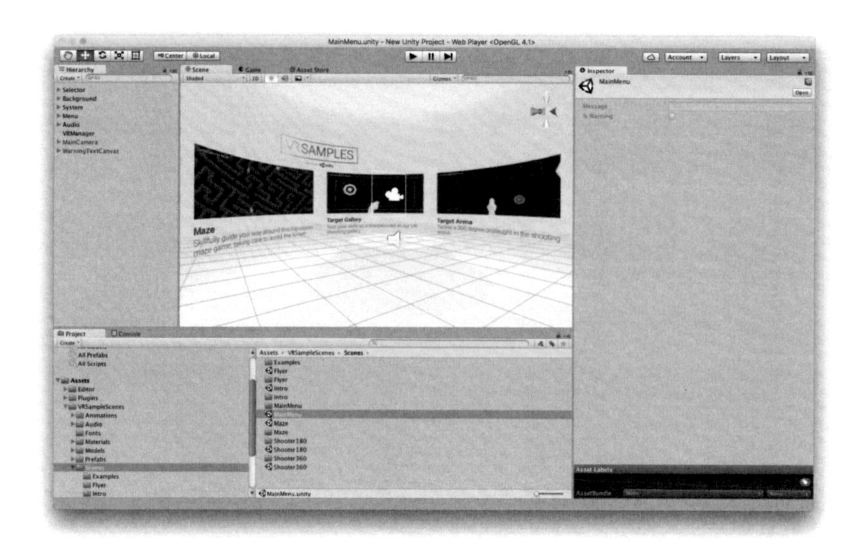


図 3.1　Unity VR Samples

## 3.2　VR Samplesのダウンロードとインポート

それでは、早速 Asset Store から VR Samples をダウンロードしてインポートしてみよう。次の手順で操作を行なってほしい。

1. 操作を始める前に、あらかじめ新規のプロジェクトを作っておこう。その後、Unity のメニューから「Window」→「Asset Store」を選択してアセットストアを開く。このとき、Unity アカウントでログインしておく必要がある。アセットストアが開いたら、画面上のサーチボックスに「VR」と入力して検索しよう（図 3.2)。

図 3.2　アセットストアのサーチボックスに「VR」と入力して検索

2. 検索結果が表示されるので、VR Sample を見つけよう（図 3.3）。見つけたらダブルクリックして開き、画面左上の［ダウンロード］ボタンをクリックすれば、自身の Unity アカウントにダウンロードされる（図 3.4）。

3. ダウンロードが完了したら、［Import］ボタンをクリックしてプロジェクトにインポートしよう。

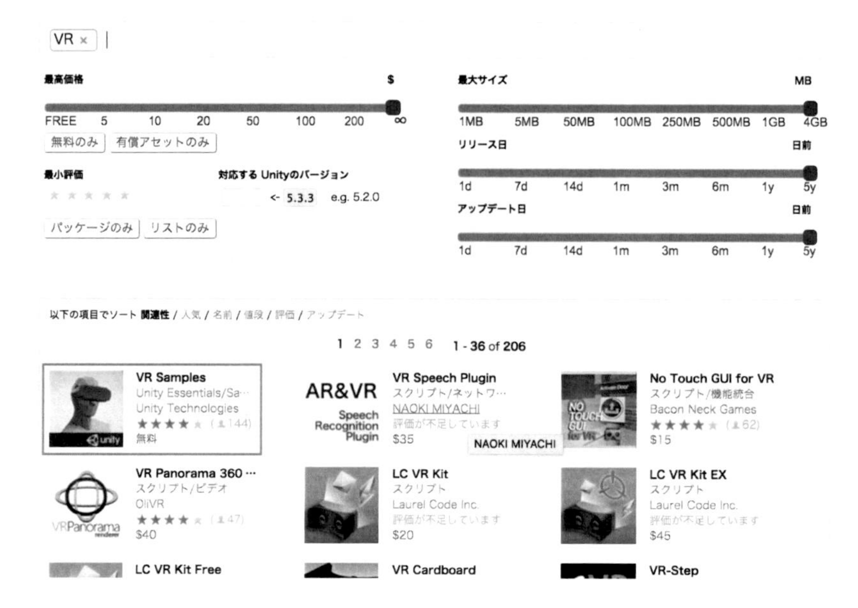


図 3.3　VR Sample を見つけたらダブルクリックして展開

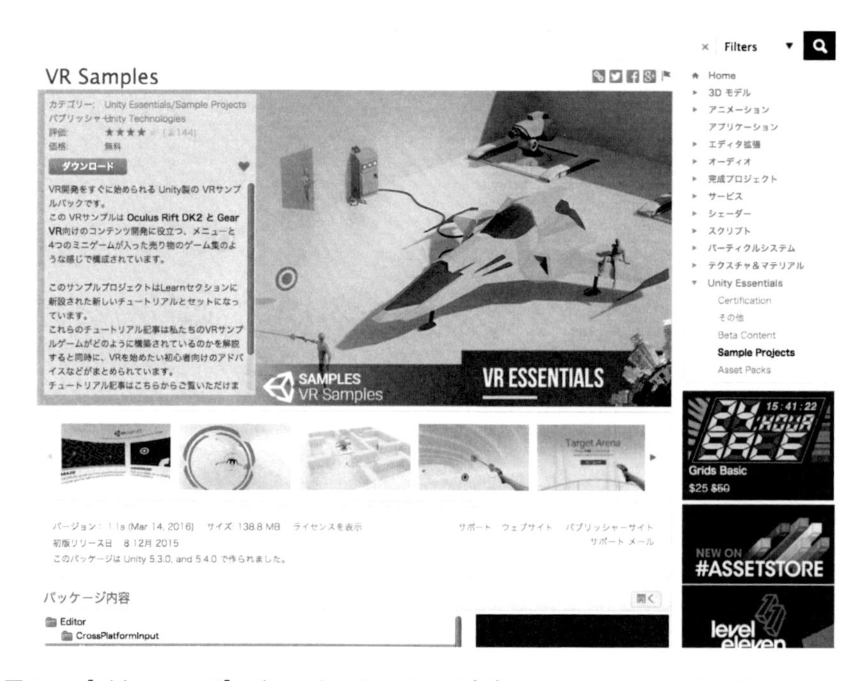


図 3.4　［ダウンロード］ボタンをクリックして自身の Unity アカウントへダウンロード

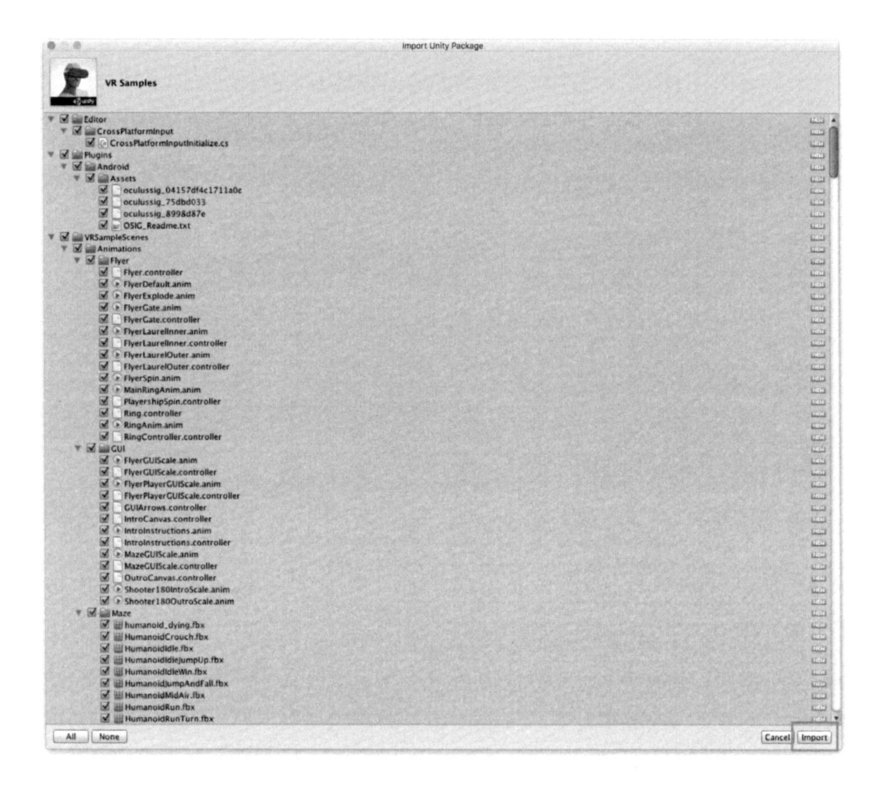


図 3.5　ダウンロード完了後、Import ボタンでプロジェクトにインポート

## 3.3　Gear VR 向けにビルドする

サンプルプロジェクトのインポートが済んだら、いよいよ Gear VR 向けにビルドを行ってみよう。なお、この手順で何かしらトラブルが起こった場合、第 2 章で紹介した環境構築も含めて、もう一度見直してみてほしい。

また、ハコスコ/Google Cardboard 向けにビルドするには、これにさらに手を加える必要がある。そのためには Unity に関する解説をもう少しだけ行う必要があるため、次章の解説とさせていただきたい。

1. Unity を起動し、まずは第 2 章で作成した.osig ファイルを Plugins/Android/Assets の中に格納しておこう（図 3.6）

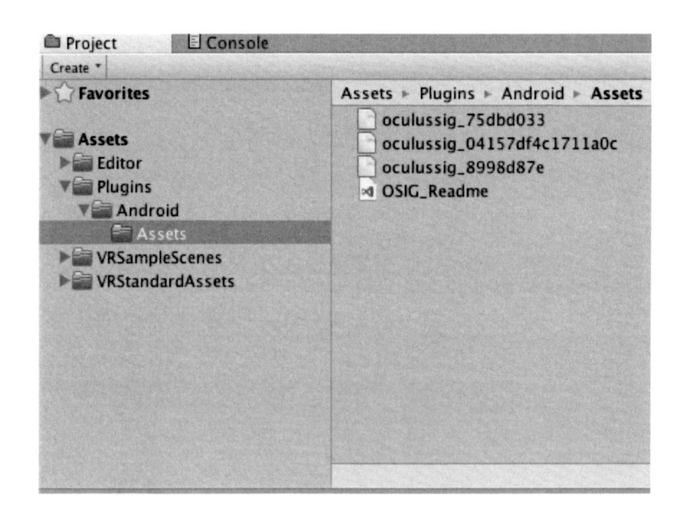


図 3.6　.osig ファイルを Plugins/Android/Assets に格納

2. 「File」→「Build Settings」と選択してビルド設定を開く

3. 「Build Settings」画面から、「Player Settings」を開く。Virtual Reality Supported にチェックが入っていることを確認し、Virtual Reality SDKs に「Oculus」を入れる

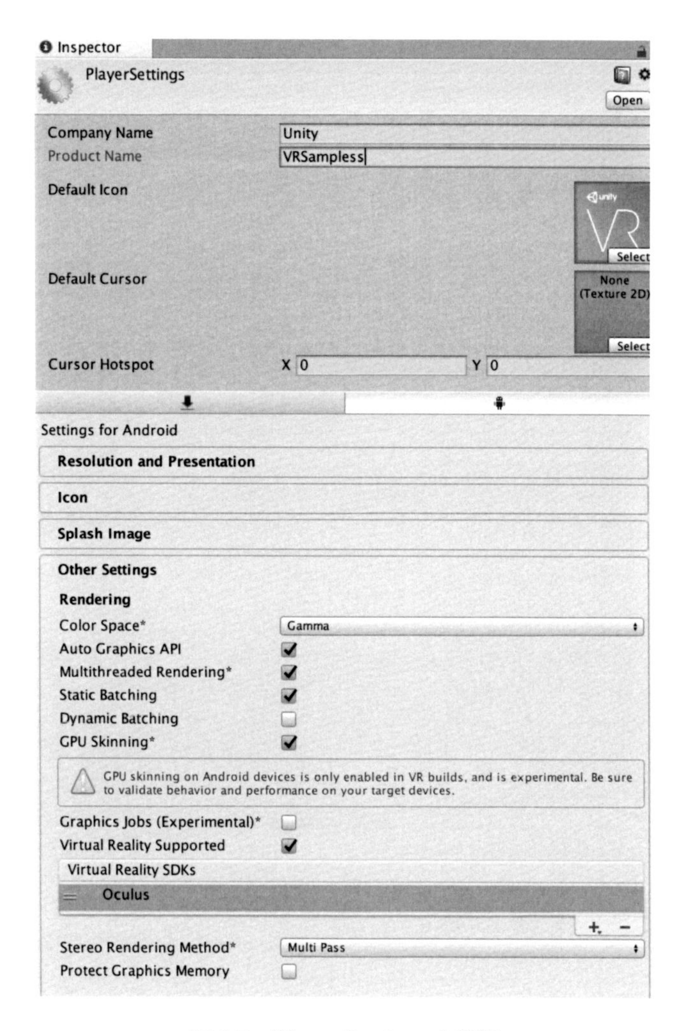


図 3.7 Player Settings を確認

4. Platform から「Android」を選択し、画面左下の［Switch Platform］をクリックする。しばらくして、ビルドプラットフォームが「Android」に変わったことを確認する（図 3.8）

5. 画面 7 の右下にある［Build］もしくは［Build And Run］ボタンをクリックし、これからビルドする.apk ファイルの保存先を指定する（図 3.9）

6. ビルドに問題がなければ、3 で指定した名前の.apk ファイルが生成される。［Build And Run］ボタンをクリックし、かつ端末が適切に接続されていれば.apk ファイルが自動で端末に転送されるはずだ（図 3.10）。

図 3.8　ビルドプラットフォームを「Android」に変更する

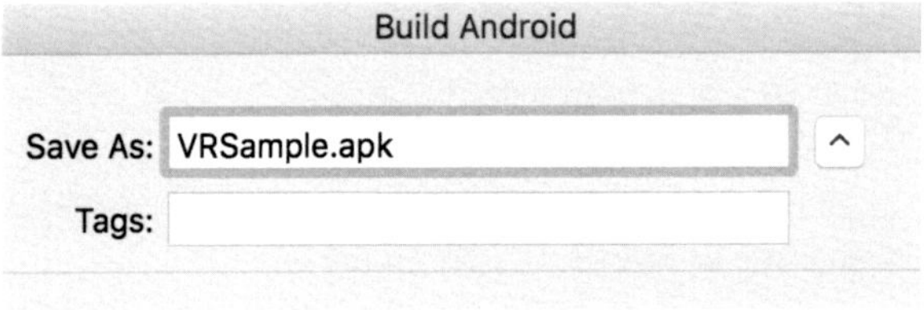

Build Android

Save As: VRSample.apk

Tags:

図 3.9　ビルドする.apk ファイルの保存先を指定

図 3.10　.apk ファイルが端末に転送され「VR Samples」が起動する

7. なお、.apk のみがビルドされた場合は、次のように adb コマンドを使って実機に転送しよう。

```
adb install ***.apk
```

8. GearVR に装着し、さっそく遊んでみよう（図 3.11)。基本的は Gear VR の横のタッチボタンで先にすすめる他、タッチパッドを接続している場合はそちらも使用できる。

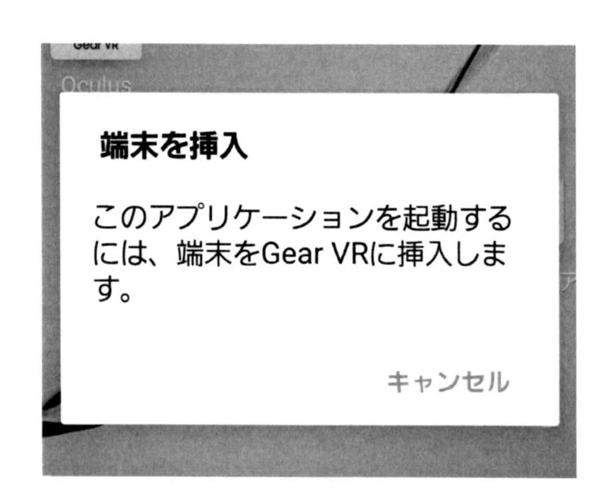


図 3.11 .apk ファイルが端末に転送され「VR Samples」が起動する

## [column]Unity エディタ上で VR の確認を行うには

ここまで、モバイルデバイス上で VR の確認方法を紹介してきたが、「いちいちビルドするのは面倒だ」と思う人もいるはずだ。そこで、開発 PC に「Oculus DK2」や「Oculus Rift」といった Oculus デバイスを取り付けると、直接 Unity エディタ上に VR を表示できる。開発のイテレーションを早めるためには、これらのデスクトップ用デバイスを利用するのも手だ。実際には、次の手順で操作をしていこう。

1. PC に Oculus デバイスを接続し、必要なランタイム等をインストールする
2. Unity のメニューから［Edit］→［Project Settings］→［Player Settings］を選択する
3. 「PC,Mac&Linux Standalone」であることを確認し、「Other Settings」の「Virtual Reality Supported」にチェックを入れる
4. Virtual Reality SDKs に「Oculus」を入れる

これで、サンプルプロジェクトを Gear VR 向けにビルドできるようになった。「やっと VR

開発のはじめの一歩」を踏み出せたと行っても良いかもしれない。しかし、オリジナルのVRコンテンツを生み出すためには、もう少し開発環境であるUnityの仕組みを知らなくてはならない。また、今回は触れられなかったハコスコ/Google Cardboardの解説も、次章で併せて行っていく。

# 第4章　Unityの仕組みを理解しよう



これからUnityを使ってVRコンテンツを作っていくわけだが、そのためにはまずUnityの基本的な仕組みを理解しておく必要がある。Unityに関する情報はすでに多くのWebメディア・書籍などで紹介されているため詳細な解説は割愛するが、今回はUnityをてっとり早くマスターするために、次の2つに分けて解説していく。

## 4.1　Unityエディタ

「Unityエディタ」とは、文字通りアプリケーションとしてのUnityそのものである。Unityエディタは様々なウィンドウやビューで構成されており、それぞれの役目に応じた機能を提供している（図4.1）。例えば、3Dオブジェクトを配置してVR空間を構成したり、パラメータを調整してゲームの難易度を調整するなど、**グラフィック・レベルデザイン**領域の作業は、このUnityエディタを介して行うことが多い。なお今回は取り扱わないが、このUnityエディタは独自に実装することで、容易に拡張することもできる。

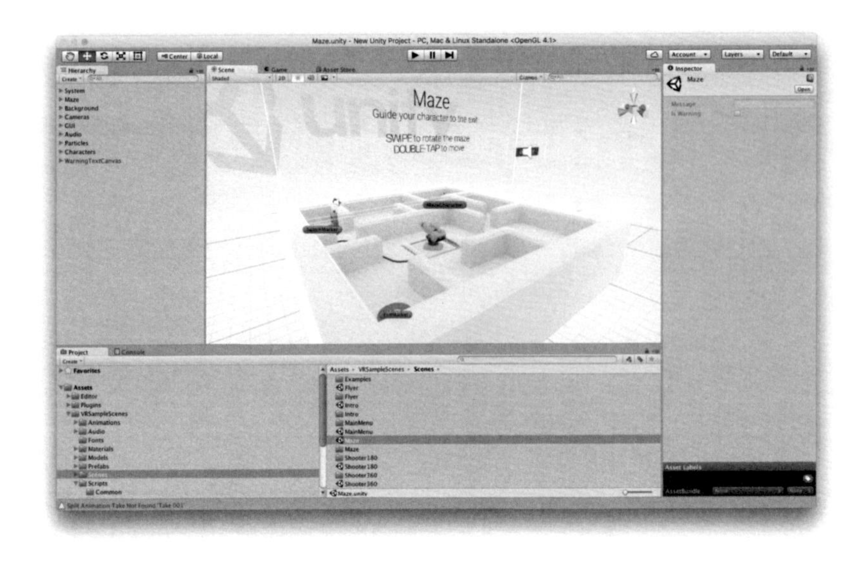


図 4.1　お馴染みの Unity エディタ。Unity バージョン 3 の時からほとんど変わらない

## 4.2　Unityスクリプト

「Unity スクリプト」とは、Unity でゲームを作るためのプログラムのことだ（図 4.2）。例えば、シューティングゲームを作る場合を想定してみると、次のようなシーンが考えられるだろう。

- プレイヤーがボタンを押して弾丸を発射する
- 発射した弾丸が敵にヒットする
- 敵が爆発する

このようなゲーム内で発生するさまざま現象は、すべて Unity スクリプトで制御することになる。これらを**ゲームロジック**と呼び、ゲームロジックを組み合わせることで 1 つのゲームが完成するのだ。

Unity スクリプトの記述には **C#**と **JavaScript** のどちらかを使用できる。1 つの Unity プロジェクトでこれらを混在させることもできるが、その場合には多くの制約があり現実的ではない。そのため本書では、**C#**を Unity スクリプト言語として扱っていく。C#のほうが処理速度・ドキュメントの充実度などが優れている上、実際のゲーム開発現場で JavaScript が採用されるケースは少ないからだ。

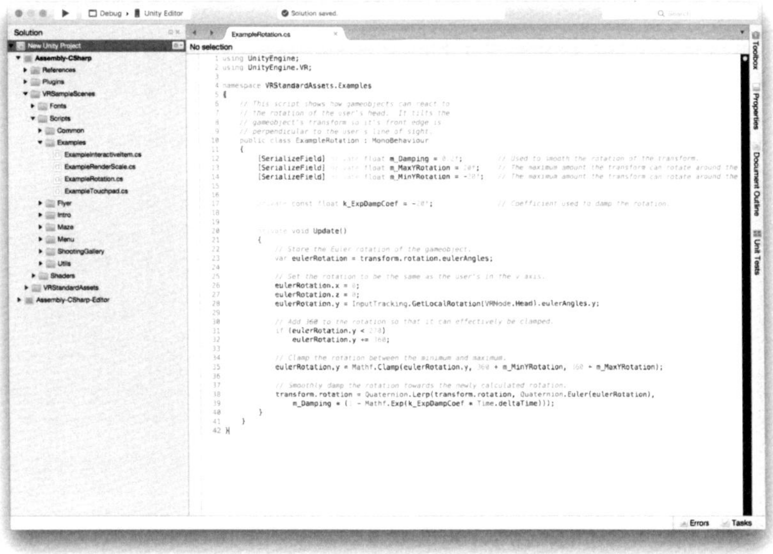

図 4.2　こちらは Monodevelop。Windows では「Microsoft Visuald Studio」が使用できる（後述）

なお、プログラム言語としての C#については解説しないが、本書では既存のスクリプトアセットを利用するなどして、複雑なプログラミングを扱わないので安心してほしい。目安としてクラス・変数・関数（メソッド）などの概念が理解できれば十分だ。

# 4.3　Unityエディタを使いこなそう

早速、Unity エディタから見ていこう。ここでは、それぞれのウィンドウやビューの役割と、マウスやトラックパッド等をつかって 3D 画面を動かす方法を解説する。

## 6つのメインウィンドウ

Unity エディタの画面は、主に以下の 6 つの画面で構成されている。

1. プロジェクトウィンドウ（図 3）

プロジェクトに必要な**アセット**を管理するウィンドウ。アセットとはゲーム中で使用する 3D モデル、アニメーション、テクスチャ、サウンドなどのバイナリファイルに加えて、Unity スクリプトのファイル（クラス）を指す。また、この画面は開発マシン上のスペースを指している。例えば、プロジェクトウィンドウ上で右クリック→ Reveal in Folder を実行するとエクスプローラ/Finder が開き、Unity プロジェクトを保存したスペースの Assets フォルダ以下であることが確認できる。ちなみに、Assets フォルダ以下はエクスプローラ/Finder と完全に同期しており、フォルダ上で直接ファイルの追加・削除等を行うと Untiy のプロジェクトウィンドウでも実行される。

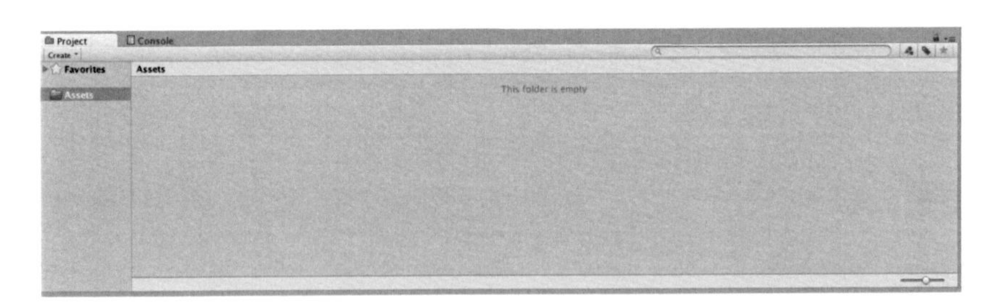


図 4.3　プロジェクトウィンドウと Assets フォルダの中身が同一であることを確認しておこう

2. シーンビュー（図 4）

Unity のシーンはゲーム上の 3D 空間であり、この空間を表示しているのが「シーンビュー」だ。3D オブジェクトを配置して空間の背景を作り、そこに敵やギミックなどの小道具を配置する、といった作業はこのシーンビューで行う。また、Unity ではシーンビューに配置される項目のことを**ゲームオブジェクト**と呼ぶ。このシーンビューは操作が若干特殊なため、詳細は後述の「3D の操作に慣れよう」で確認してほしい。

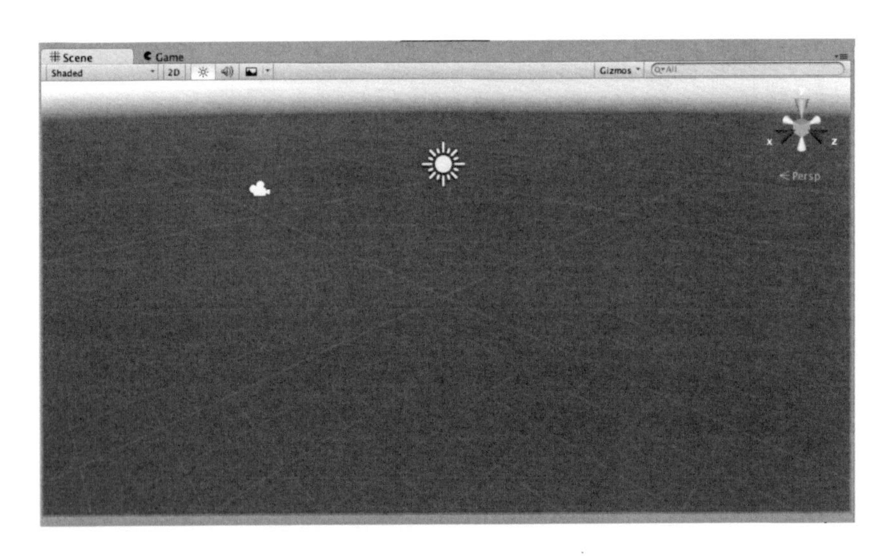


図 4.4　3D 操作をマスターしておこう

3. ヒエラルキーウィンドウ（図 5）

「ヒエラルキーウィンドウ」には、シーンビューと同一のゲームオブジェクトが表示されている。つまり、ゲームオブジェクトをグラフィックで表示したものがシーンビュー、文字で表示したものがヒエラルキーウィンドウと考えてもよい。ヒエラルキーの言葉が表すように、階層関係（親子関係とも呼ぶ）が文字列で表示されている。ゲームオブジェクトをまとめて操作する場合などは、こちらのウィンドウで行ったほうがやりやすい。また、上部に表示されている「サーチボックス」を使えば、ゲームオブジェクト名で目当てのゲームオブジェクトを絞り込むことも可能だ。目的に応じてヒエラルキーウィンドウとシーンビューを使い分けることになる。

図 4.5　ヒエラルキーウィンドウとシーンビューの実体は同一だ

4. インスペクタ（図 6）

ゲームオブジェクトを選択した時に、そのゲームオブジェクトの属性を表示するのが「インスペクタ」だ。ゲームオブジェクトの属性は**コンポーネント**と呼ばれており、位置情報を示す

Transformや、照明の情報であるLight、カメラ情報のCameraなどがあり、後述するクラスもコンポーネントとしてゲームオブジェクトの属性となるものだ。これらコンポーネントはそれぞれ様々な値（プロパティ）を持っており、インスペクタから値を変更することでゲームのバランス調整などを行うことができる。

図4.6　各々のゲームオブジェクトのプロパティを調整できる

5. ツールバー（図7）

「ツールバー」は、複数のボタンで構成されている。ゲームを実行するためのPlayボタンはおそらく最もよく使うボタンだろう。ほかにも、シーンビューの操作ボタンやローカル・グローバル座標の切替ボタン、レイヤ制御ボタンなどがある。

図 4.7　ゲームの実行以外にもポーズやフレーム送りなどもできる

6. ゲームビュー（図 8）

「ゲームビュー」は、**カメラコンポーネント**が最終的に描画した 3D 空間を表示する画面だ。Unity でシーンを作成すると必ずカメラコンポーネントも作成されるが、そのカメラが映し出す空間こそ、このゲームビューである。通常のゲームではビルドしたアプリはこのゲームビューの通りに表示されるが、VR コンテンツでは自動的にアプリ側で左右に分割され、ステレオレンダリングの形式で表示される。

図 4.8　この画面が実際のゲーム画面としてレンダリングされる

## 3D の操作に慣れよう

6 つのメインウィンドウのうち、シーンビューは 3D 空間を表示する画面であるため（図 4.9）、操作に若干の慣れが必要だ。なお、一連の操作のホットキーは Maya などの DCC ツールと同一なので、それらの経験者は問題ないだろう。

| 操作 | マウス | トラックパッド（Mac） |
|---|---|---|
| 移動 | ［Alt］キー＋中クリックでドラッグ | ［Alt］キー＋ Command ＋クリックでドラッグ |
| 回転 | ［Alt］キー＋クリックでドラッグ | ［Alt］キー＋クリックでドラッグ |
| ズーム | ［Alt］キー＋右クリックでドラッグ | ［Alt］キー＋ Command ＋右クリックでドラッグ |

なお、ツールバーのボタンからも同様の操作が可能だが、なるべくホットキーを覚えたほうが効率がいいだろう。

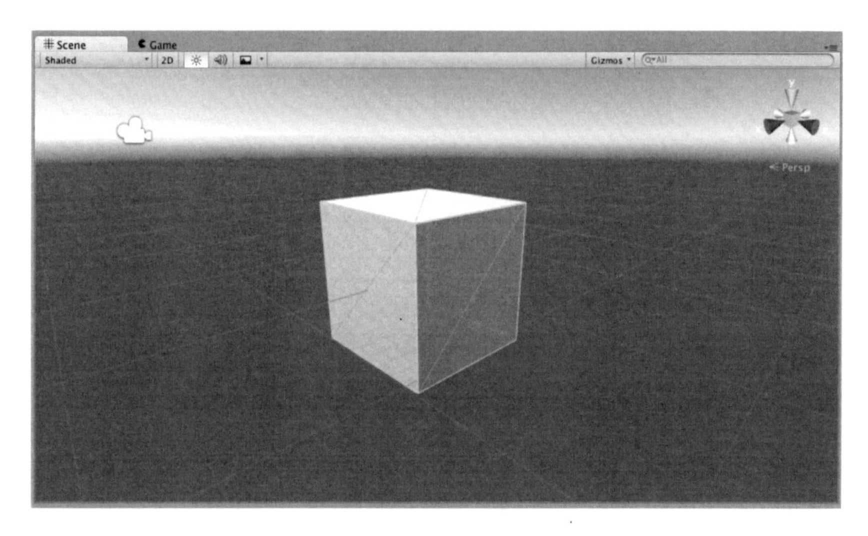


図 4.9　慣れない人はヒエラルキーウィンドウから［Create］→［3D Object］→［Cube］で 3D オブジェクトを配置して自由なアングルで見られるように練習しよう

# 4.4　Unityスクリプトを理解しよう

基本を押さえたところで、VR コンテンツ制作に必要な Unity スクリプトのプログラミングを覚えていこう。試しに、プロジェクトウィンドウで右クリック→［Create］→［C# Script］を実行してみると、C#の**クラス**が作成されるはずだ。この時、クラス名を”UnitySample”とでもしておこう（図 4.10）。なお、C#の規約上、名前の先頭に半角数字や途中に半角スペースなどを入れるとコンパイルエラーを引き起こすので注意してほしい。全角文字を入れるのはもってのほかだ。

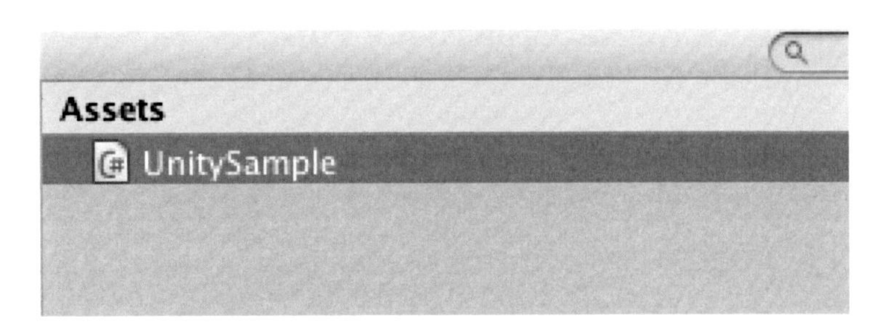


図 4.10 C#のクラスを作成したところ

## Hello World ① クラスを編集しよう

クラスをダブルクリックすると、スクリプトを編集するためのスクリプトエディタが開く。Windows であれば、おそらく Visual Studio もしくは MonoDevelop が、Mac の場合は MonoDevelop がデフォルトのスクリプトエディタに設定されている。この時、稀に**クラスのファイル名と実際のクラス名が異なっていることがある**が、この場合もコンパイルエラーになってしまうため、手動でどちらかに統一しておこう。

そして、Start() 関数の中に Debug.Log ("Hello, Wolrd"); と記述してみよう（図 4.11）。プログラミング入門でおなじみの、いわゆる「Hello World」だ。Debug.Log () クラスを使うと、Unity の下部に表示されるコンソール画面に文字列を表示できる。今後もプログラムのデバッグでよく使うことになるだろう。

```
1 using UnityEngine;
2 using System.Collections;
3
4 public class UnitySample : MonoBehaviour {
5
6     // Use this for initialization
7     void Start () {
8         Debug.Log ("Hello, Wolrd");
9     }
10
```

図 4.11 試しにクラスを記述してみる

しかし、このままでは Hello World は実行できない。クラスを作るだけでは、その処理がどこからも呼び出されないからだ。

## Hello World ② クラスをコンポーネント化しよう

さて、いったん Unity エディタへ戻り、プロジェクトウィンドウ上のクラスを選択して、そのままシーンビュー上の適当なゲームオブジェクトにドラッグ＆ドロップしてみよう。その後、ゲームオブジェクトを選択してインスペクタを見ると、クラスがコンポーネントとして登録されていることを確認できる（図 4.12）。このようにクラスをコンポーネント化することを**クラスのアサイン**と呼ぶ。

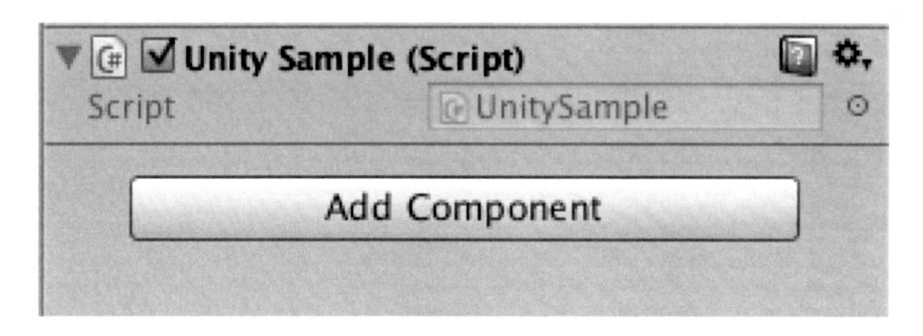


図 4.12　クラスがコンポーネントとしてアサインされた状態

この状態でツールバーの Play ボタンを押下して、ゲームを実行してみよう。コンソール画面に「Hello World」が出力されたはずだ（図 4.13）。

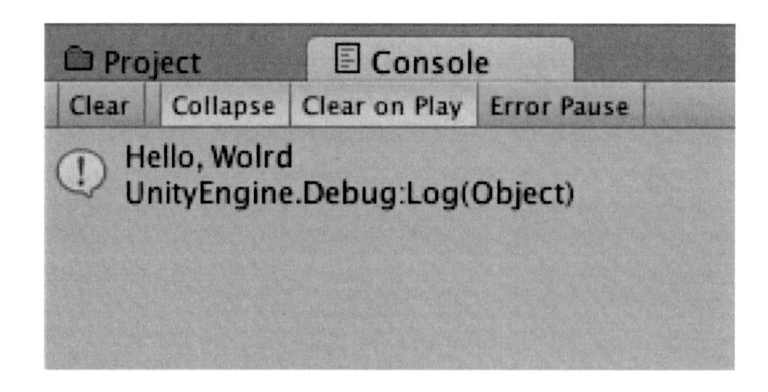


図 4.13　コンソール画面に「HELLO, WORLD」を表示できた

このように、クラスはコンポーネント化することで処理として呼び出されるようになるのだ。

## MonoBehaviour クラスについて

先ほど、`Debug.Log ("Hello, Wolrd");` を `Start()` 関数に記述したが、この `Start()` とは

何か気になった人もいるだろう。他にも、クラスを作成した当初から`Update()`関数が定義されていることに気づく。

結論を解説する前に、今一度スクリプトエディタのほうへ目を向けてみよう。このクラスは**MonoBehaviour**という基本クラスを継承している。実は、このMonoBehaviourはUnityのすべてのコンポーネントに継承されている。つまり、すべてのゲームオブジェクトはMonoBehaviourの派生クラスなのだ。

ゲームオブジェクトとしてシーンに存在するMonoBehaviourクラスには、ゲームの実行（ランタイム）時に様々なタイミングで特定の関数がコールされる。その関数が、例えば`Start()`や`Update()`だったりするのだ。この関数を使い分けてゲームロジックを作っていくことがUnityスクリプトの基本となる。以下、代表的な関数を紹介しよう。

### Start()

ゲームの開始時に1回だけ呼ばれる。初期化などの処理に最適。

### Update()

Start()の後、毎フレーム呼ばれる。つまり、画面が60FPSで描画されていれば、1秒に60回呼ばれることになる。ゲームオブジェクトの移動など画面描画と連動した処理に使用する。

### Awake()

ゲームの開始時に1回だけ呼ばれる。Start()よりも前に呼ばれることが保証されており、例えば初期化を二段階で行いたい時に使用する。

この他にも、さまざまな関数が用意されている。詳しくは、公式のAPIリファレンスを参照してほしい。

## 4.5　おわりに

今回まで、環境構築、サンプルのビルド、そしてUnityの基礎を解説した。これで必要な準備はすべて整ったので、次章からは本格的にVRコンテンツ開発を始めていこう！

# 第5章　モバイルVRゲームを作ってみよう



前章までを通して、モバイル VR ゲーム制作に必要な環境の準備と、ゲームエンジン「Unity」の基礎をマスターできた。本章以降は、これらの知識を駆使して自力で VR ゲームの完成を目指していく。

## 5.1　サンプルプロジェクトをビルドしてみよう(ハコスコ/Google Cardboard)

モバイル VR ゲームの作成に入る前に、本書の第 3 章「サンプルプロジェクトをビルドしてみよう」では紹介しなかったハコスコと Google Cardboard 向けにサンプルプロジェクトをビルドする方法を解説する。あらかじめ「Unity VR Samples」を Unity プロジェクトにインポートしておいてほしい（詳細な手順は第 3 章を参照）。

なお、各デバイスの詳細は第 1 章「モバイル VR 開発をはじめよう」、開発環境の詳細は第 2 章「モバイル VR の開発環境を準備しよう」をそれぞれ参照してほしい。

1. Unity のメニューから［Edit］→［Project Settings］→［Player Settings］を選択する
2. Other Settings」の「Virtual Reality Supported」にチェックを入れる
3. Virtual Reality SDKs に「Cardboard」を入れる

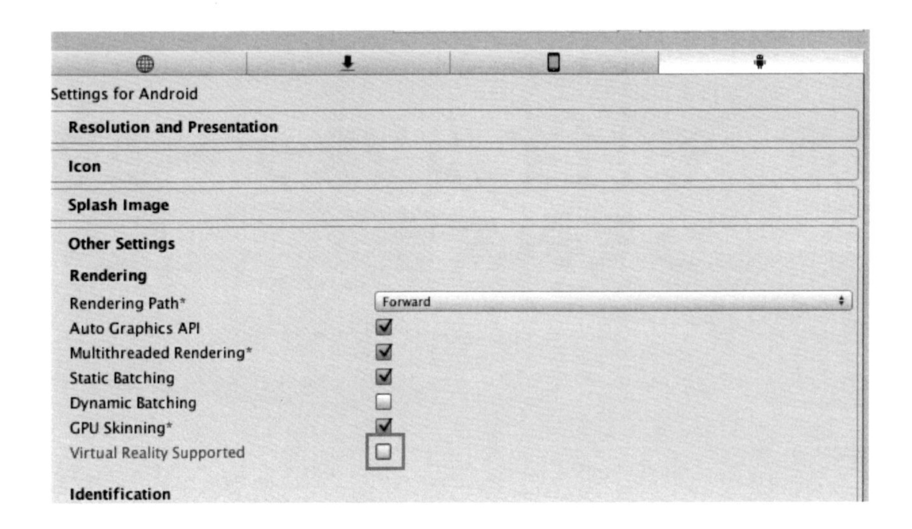


## 実機にビルドする

プレハブの配置が終わったら、Android もしくは iOS にプラットフォームを変更し、Unity からビルドを行う。Google Cardboard 向けにビルドした場合は、画面下部の歯車ボタンを押下し（図 5.1）、デバイスに印刷されている QR コードをスキャンすることで、そのデバイスに最適な表示に切り替えてくれる（図 5.2）。

図 5.1　歯車ボタンを押下すると QR コードをスキャンする画面に遷移する

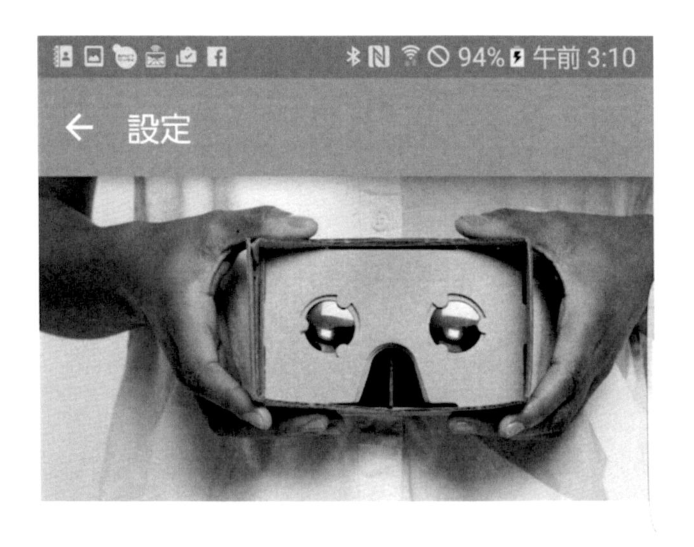


図 5.2　適切なビューワを設定したところ

以上で、ハコスコ/Google Cardboard 向けのサンプルプロジェクトのビルドは完了だ。

## [column]「Google Daydream」について

本書では解説しないが、Virtual Reality SDKs に「Daydream」を入れることで Google

Daydream」にも対応する。

# 5.2　モバイル VR ゲームを作ってみよう〜設計と素材集め

さて、少し前置きが長くなったが、以降ではモバイル VR ゲームの作成に入っていく。まずは、改めて作成するゲームについて考えてみよう。

## どんなゲームを作るか

筆者は今回、「VR シューティングゲーム」を作成しようと考えている。なぜシューティングかというと、ゲームに HMD からの入力や操作をシンプルに反映できる上、短いサイクルでゲームを成立させることができるため、ゼロからゲームを作るにはうってつけのジャンルだからだ (図 5.3)。ここで学んだことを活かせば、謎解き脱出ゲームやパズルゲームなど、他のジャンルのゲーム制作にも手が届くようになるはずだ。

図 5.3　シューティングゲームはゲーム作り入門に最適なジャンルだ

## シューティングゲームの設計

通常、ゲームプログラミングの前段階において必ずコンテンツの「設計」を行う。「どのように作っていくか」を考える作業のことだ。ゲームプログラミングに入る前に、ある程度この設計ができていなければ、最後まで作品を完成させることも覚束ない。

設計には様々な方法があるが、今回はシューティングゲームの構成要素を分解し、**どのような機能の実装が必要か**を洗い出すことで、ゲームの設計作業としたい。

それでは、ざっくりとシューティングゲームに必要な機能を考えてみよう。ゲームとして成立させるには、大まかに次の3つの機能を実装すれば良いだろう。

### プレイヤー

まず最初に必要な機能は「プレイヤー」だ。プレイヤーには2つの役割がある。1つは「現実世界のプレイヤーからの入力をゲームに反映させる」ことだ。HMDを被ったプレイヤーの頭の傾きや回転情報がVR空間に入力されることで、VRカメラもその通りに動く。またシューティングゲームにおいては、ボタンやコントローラからの入力によって弾が発射される。このようなHMDやコントローラからの入力を受け付けるのがプレイヤーの機能の1つと考えても良いだろう。

2つ目の役割は「プレイヤーのパラメータを保持する」ことだ。プレイヤーは体力（HP）や発射する弾の攻撃力といったパラメータを持つことが想定される。他にも、例えば一定期間無敵になるアイテムがあるなら、通常状態と無敵状態を分ける「モード」パラメータが必要だろう。これらのパラメータを保持し、必要に応じて増減、もしくは変更するのもプレイヤーの重要な役割だ。

### エネミー

「エネミー」はプレイヤーの敵となる機能だ。プレイヤーの攻撃を回避しながら移動しつつ、攻撃してくる。また、逆にプレイヤーがエネミーを攻撃して爆発エフェクト（もしくは血しぶきでも良いかもしれない）を出しつつ消滅する、という機能がエネミーの主な役割だ。この機能は、敵の「行動」と言い換えてもいい。またプレイヤーと共通して、エネミー自身にもHPや攻撃力といったパラメータを保持する役割がある。

プレイヤー機能と大きく異なるのは、ゲーム中には**エネミーが複数存在する**ことだ。敵が一体しか出現しないのではつまらないので、当然複数のエネミーが必要になってくる。しかも、敵のグラフィックや強さが違ったり、攻撃パターンが異なったりするなど、バリエーションに富んでいたほうがゲームも面白くなる。つまり、敵のバリエーションによって複数のエネミー機能を実装する必要があることを覚えておこう。

### ゲームサイクル

最後に「ゲームサイクル」だ。これは、いわばそのゲームシステムの「進行役」である。例えば、プレイヤーがエネミーからの攻撃を受け続けてHPが0になった場合はゲームオーバーとなるだろう。このとき、HPが0になったことを条件にゲームをゲームオーバー状態へ移行させる役割がゲームサイクルだ。もちろん、「一定のエネミーを倒したらゲームクリア」という状態にする機能などもゲームサイクルの一部に含まれる。

## シューティングゲームに必要な素材

大まかなゲームの設計ができたら、それを基に必要なアセット（素材）をピックアップしてみよう。ゲームはプログラムだけで成立しているのではなく、グラフィックとして表示させるための素材やサウンドなども必要だ。ここで、ゲーム制作に使用される代表的なアセットを簡単に解説しよう。

### 3Dグラフィック

VR空間は3DのCGで描画されるため、3Dデータ素材が必要だ。主に使用されるものとして「モデルデータ」と「アニメーションデータ」の2種類があり、さらにそれらに付随する「テクスチャ」「マテリアル」「シェーダ」などのデータも必要になってくる。なお、これらのファイルはたいていひとまとめになっていることが多い。

### モデルとアニメーション

「モデル」は頂点のかたまりから構成されるメッシュのデータで、VR空間の描画にはすべてモデルデータが使用される。一方、「アニメーション」は時間軸で変化する回転や移動、拡縮といった情報を持つ。

例えば、背景のモデルは動く必要がないためモデルデータのみでいいが、動作するキャラクター等はモデルデータとアニメーションデータを組み合わせる必要がある（図5.4）。

これらのデータは「Maya」や「Cinema4D」、「Blender（無料）」といったDCCツールで制作する。Unityでは、これらのツールから出力できるファイルのうち**.fbx**や**.dae**形式のデータを使用するのが一般的だ。

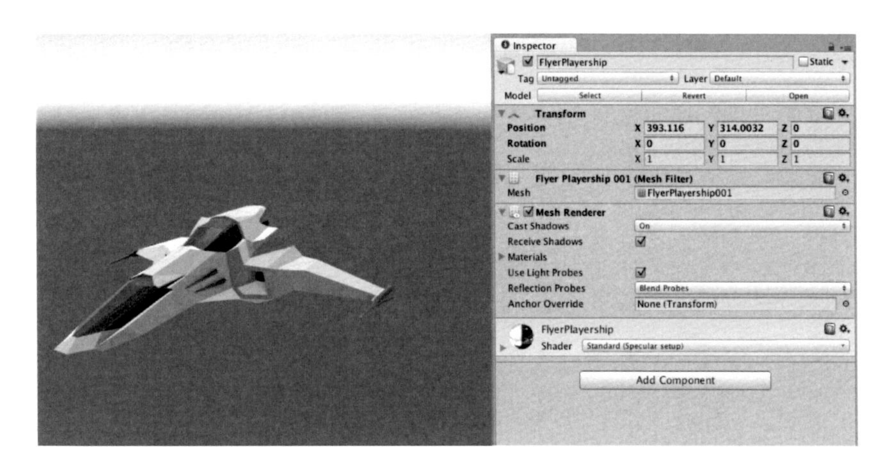


図 5.4 VR Samples にあるモデルデータを表示しているところ



## テクスチャ・マテリアル・シェーダ

2D 画像の「テクスチャ」をモデルに貼り付けると、その画像がモデルの色味になる。テクスチャデータは単一でなく、色味を決定する **Albedo** テクスチャや細かい凹凸を表現する **Normal** テクスチャ、光沢を制御する **Specular** テクスチャなど様々な種類がある。Unity で使う場合は **.tga** 形式や **.png** 形式で用意するのが一般的だ。

「マテリアル」は複数のテクスチャをまとめてモデルデータに適応するためのデータだ。Unity の場合、モデルを読み込むと **.mat** 形式の独自ファイルを自動で生成してくれる。

「シェーダ」は、ここでは「マテリアルの質感を定義するプログラムデータ」と定義しておこう。Unity では **.shader** という独自形式で取り扱うことになる。一歩踏み込んだ 3D 表現を行うにはシェーダにも手を入れる必要がある（図 5.5）。

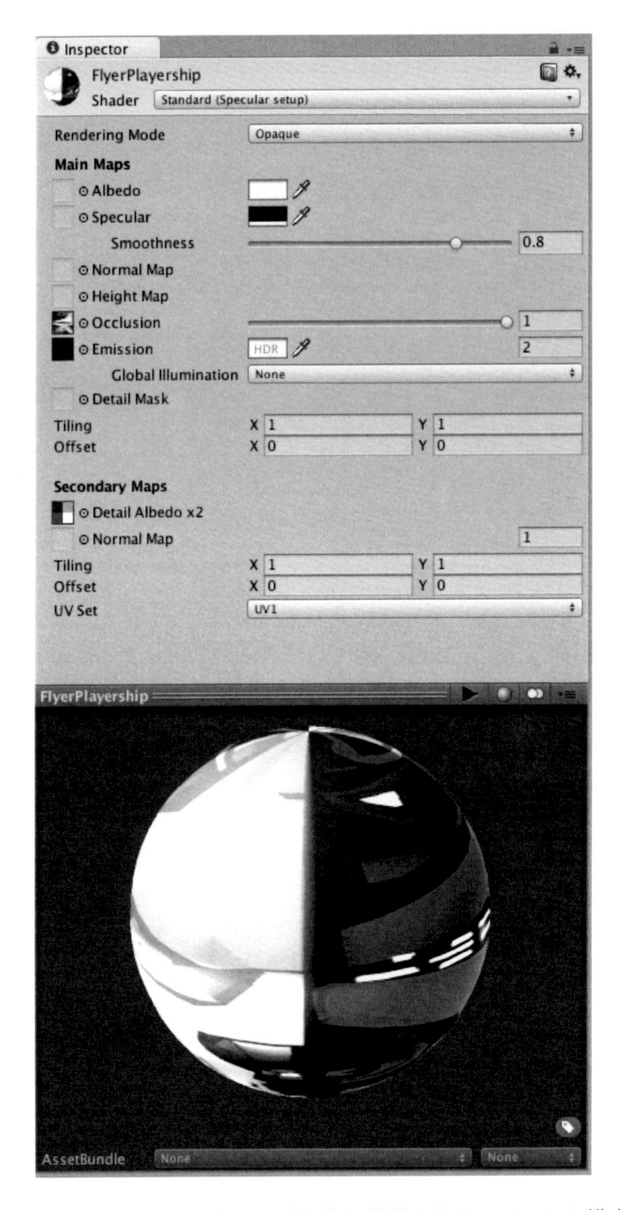


図5.5　マテリアルは1つのシェーダを基に複数のテクスチャから構成される

## UI

「UI」とは、User Interfaceとして表示する2D画像やフォントのことだ。UIはプレイヤーにアイコンで遊び方を説明したり、ダメージを数値で表現したりするなど、ゲーム上で重要な要素の 1 つだ。もちろん VR 空間にも 3D モデルとは別に UI を表示できるが、その場合は「VR 空間にペラペラの画像が浮かんでいる」というのをイメージするといいだろう。

Unity では「uGUI」という機能を使って UI を描画する（図 5.6）。**.tga** 形式や **.png** 形式の画像を読み込んで表示できるほか、**.ttf** 形式の TrueType フォントや OpenType フォント **.otf** を使えば自由に文字列を表示することもできる。Unity にはデフォルトでテクスチャや **Arial** フォント等が含まれている。

図 5.6　uGUI を使って画像（スプライト）とフォントを表示しているところ

## エフェクト

「エフェクト」は炎や液体、爆発などを表現するための 3D データの 1 つだ（図 5.7）。これらは**パーティクル**という技術を用いて描画するが、Unity にも **Shuriken** と呼ばれるパーティクルを描画する仕組みが備えられている。

エフェクトは、主に Shuriken（コンポーネント名「ParticleSystem」）のデータと、Particle にアサインされるテクスチャ・マテリアルデータから構成されている。

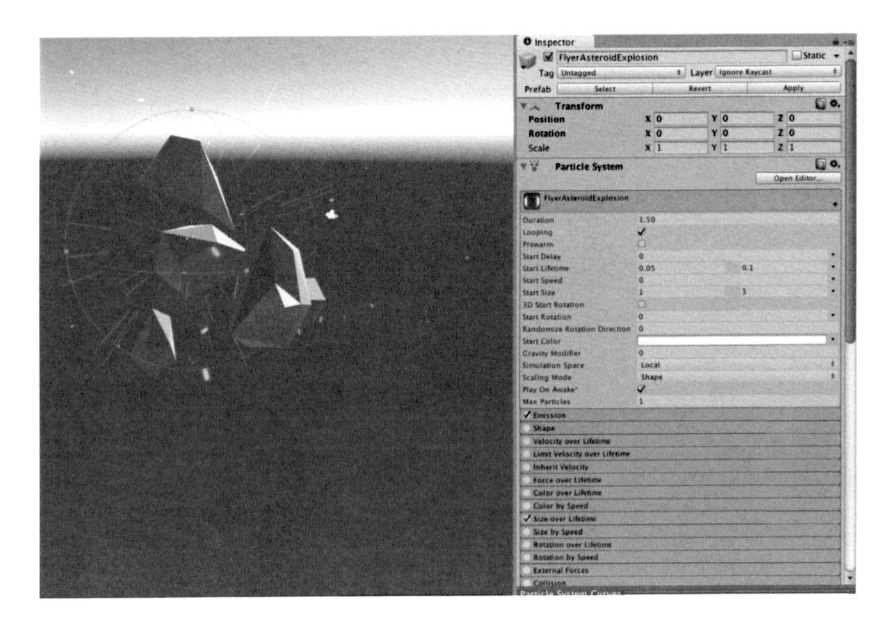


図 5.7　VR Samples のエフェクトを再生しているところ

## サウンド

最後は「サウンド」だ。ゲームの雰囲気を盛り上げるうえで効果音（SE）や BGM は欠かせない。Unity では**.mp3** や **wav**、**ogg** 形式の音声ファイルを読み込むことができる。また、インスペクター上で音源の設定を変えれば、3D サウンドで音声ファイルを再生することも可能だ（図 5.8）。

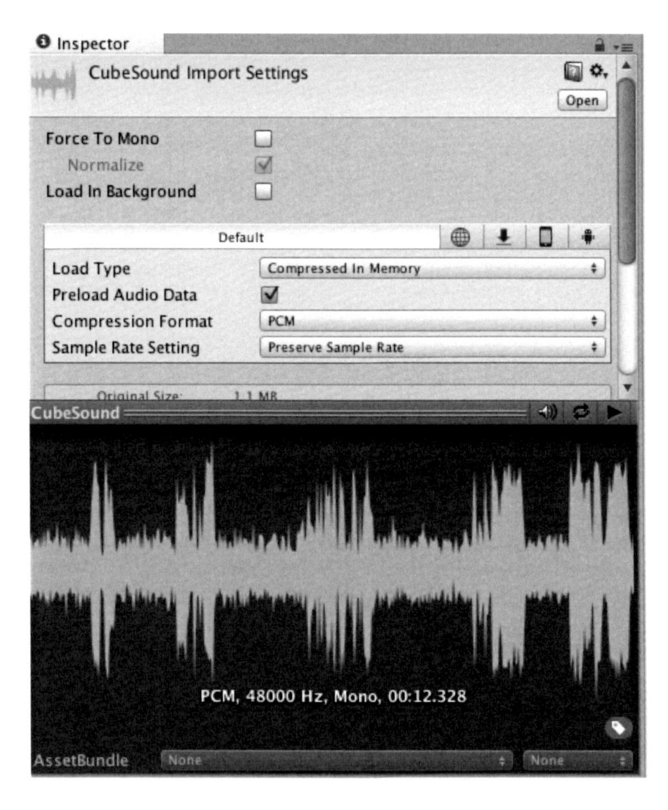


図 5.8 サウンドファイルもインスペクタから再生できる

## 5.3 おわりに

今回は、本格的なモバイル VR ゲームを開発するに当たって、シューティングゲームの設計と必要な素材について解説した。次章からは、今回行ったシューティングゲームに必要な基本的な設計を元に機能を実装していく方法を解説する。

# 第6章　VRシューティングゲームを実装しよう

前章では、ゲームの「設計」を行うことで、これから実装するシューティングゲームの大まかな機能を定義した。今回はこれらをもとに、Unity上で具体的な実装を行っていこう。第2章の「モバイルVRの開発環境を構築しよう」、第3章「サンプルプロジェクトをビルドしてみよう」（Gear VR・ハコスコ/Google Cardboard）も参照してほしい。

6

## 6.1　プレイヤーからの入力を実装する

プレイヤー機能の定義の1つに「HMDの動きやタッチパッド・コントローラからの入力を受け付けてVR空間に反映させる」というものがあった。これを実現させるための手段を見ていこう。

### HMDからの入力を受け付ける

「HMDからの入力」は、つまるところプレイヤーの頭部の動きのことだ。これをVR空間のカメラに回転情報として流し込めば、HMDの動きがVR空間でも同期されることになる。この時点で気づいた読者もいるかもしれないが、過去にも触れたとおり本機能はUnity本体、もしくはSDK自体がサポートしているものなので、特にプログラムを組む作業は不要だ。念のため、プラットフォームごとに簡単に振り返ってみよう。

Gear VRの場合はMain Cameraを置くだけ（ビルド時にはPlayer Settings > Other Settings > Virtual Reality Supportedを忘れずに）、ハコスコ/Google Cardboardの場合はSDKからGvrViewerMain.prefabを配置するだけで完了だ。

いずれのプラットフォームでもSceneにはMain Cameraが配置されている状態だと思うが、

ここでは「プレイヤー」としての機能をMain Cameraゲームオブジェクトに集約していくことにする。

## タッチパッド・コントローラからの入力を受け付ける

Gear VRではHMDの右側にタッチパッドが、Google Cardboardにも簡易的なタッチパッドが搭載されている。また、タッチパッドが搭載されていないハコスコでも、Bluetoothコントローラを接続すればボタン入力をゲームに反映できる。これらの入力によって何らかの処理を行うプログラムを書いてみよう。

Project Viewで右クリック > Create > C# Scriptを選択して新規クラスを作成後、名前を「Player」に変更する。ダブルクリックして編集できる状態にしたら、スクリプトのクラス名がファイル名と同一であることを確認しておこう。そうしないと、エラーとなりスクリプトが動作しない。

確認できたら、まず入力を受け付ける処理を書くためにMonoBehaviour関数を定義するが、ズバリ、ここはFixedUpdate関数を使う。FixedUpdateはUpdate関数と同じく毎フレーム呼び出される関数だが、処理速度によってフレームレートが変化しても影響を受けない。つまり、処理速度が低下して動作が遅延した場合でも必ず一定のタイミングで呼び出されるため、このような入力を受け付ける処理は必ずFixedUpdate関数に記述するのが鉄則だ。

```
public class Player : MonoBehaviour {
    void FixedUpdate () {
    }
}
```

FixedUpdate内では、if文で囲ったInput.GetButtonDown(“<ボタン名>”)を記述する。Input.GetButtonDown()は指定したボタンが押された場合にTrueを返す、つまり入力があったときif文内の処理が実行される。ボタン名は”Fire1”と指定しておく。

```
if (Input.GetButtonDown ("Fire1")) {
    // 処理
}
```

“Fire1”はUnity内部で定義されている値で、画面タップやコントローラの1ボタン（どの位置のボタンかはハードウェアによって異なる）、マウスの左クリックからの入力を識別できる共通の値である。つまり、このように記述するだけで画面タップとコントローラだけでなく、マウスにも対応した処理を一度に書けてしまうのだ。

そして、Player.csクラスをプレイヤーゲームオブジェクトであるMain Cameraにアサインしておこう。

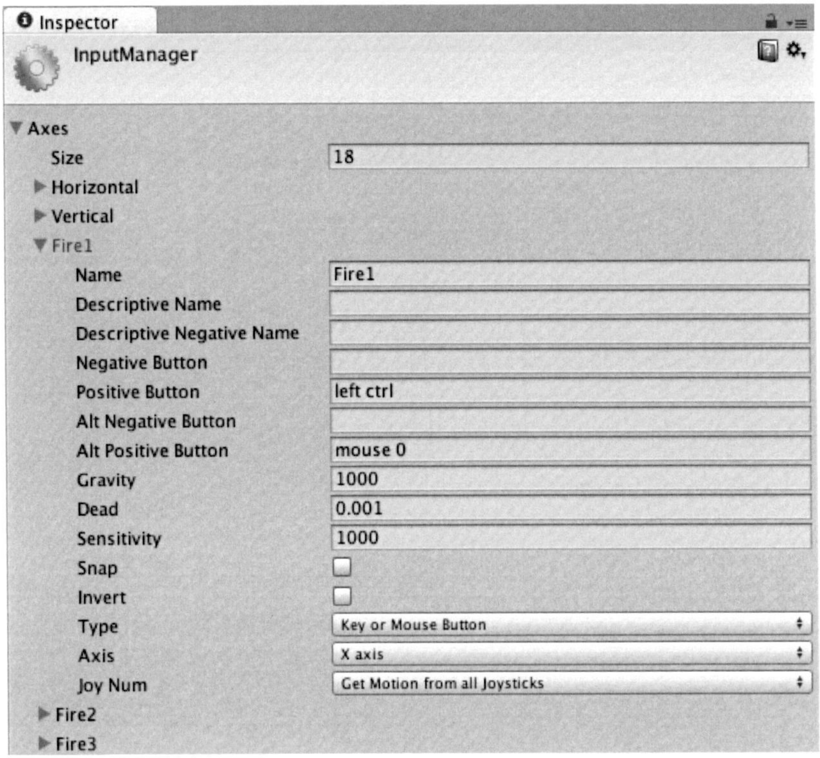

Inspector
InputManager
▼Axes
Size 18
▶Horizontal
▶Vertical
▼Fire1
Name Fire1
Descriptive Name
Descriptive Negative Name
Negative Button
Positive Button left ctrl
Alt Negative Button
Alt Positive Button mouse 0
Gravity 1000
Dead 0.001
Sensitivity 1000
Snap
Invert
Type Key or Mouse Button
Axis X axis
Joy Num Get Motion from all Joysticks
▶Fire2
▶Fire3

図 6.1　なお Edit > Project Settings > Input で他の入力の定義の値を確認できる

## 弾丸の発射

今度は、画面タップもしくはコントローラのボタンを押すとプレイヤーから弾丸が発射される仕組みを実装していく。まずは、弾丸となるゲームオブジェクトを作成しよう。Hierarchy View で Create > 3D Object > Sphere を作成し、名前を Bullet とする。Bullet には Inspector から AddComponent ボタンをクリックして Rigidbody コンポーネントをアサインしておく。その後 Project View にドラッグ・アンド・ドロップしてプレハブ化したら、Hierarchy View 上からは削除しておこう。

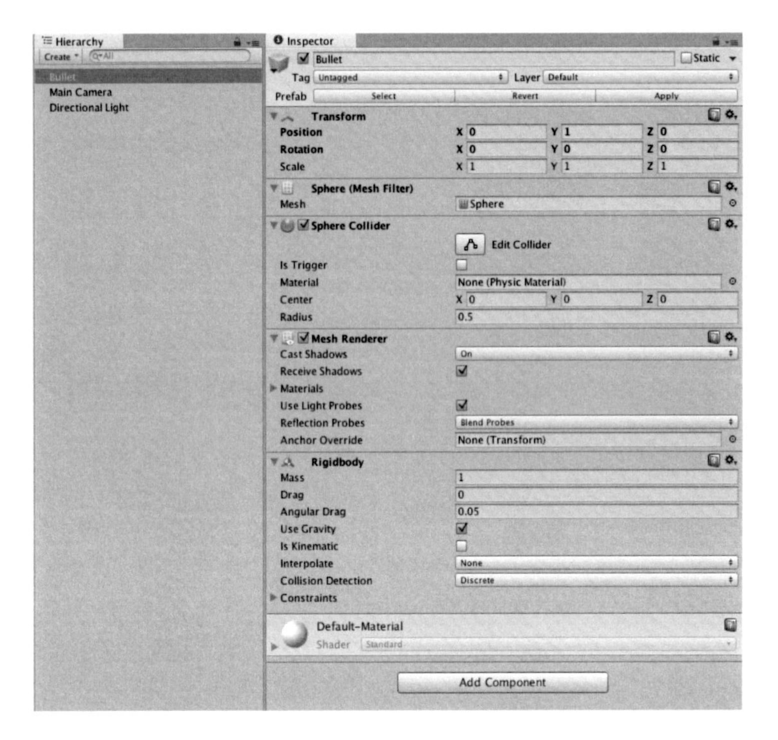


図 6.2　Bullet をプレハブ化したら Scene 上には不要だ

次に、先程作った Bullet を発射するための「場所」を Main Camera に定義しよう。Hierarchy View で Create > Create Empty し、名前を ShootPosition とする。ShootPosition を Main Camera にドラッグ・アンド・ドロップして Main Camera の子ゲームオブジェクトにしたら、ShootPosition の Position を Main Camera の少し前方に置かれるように調整する。

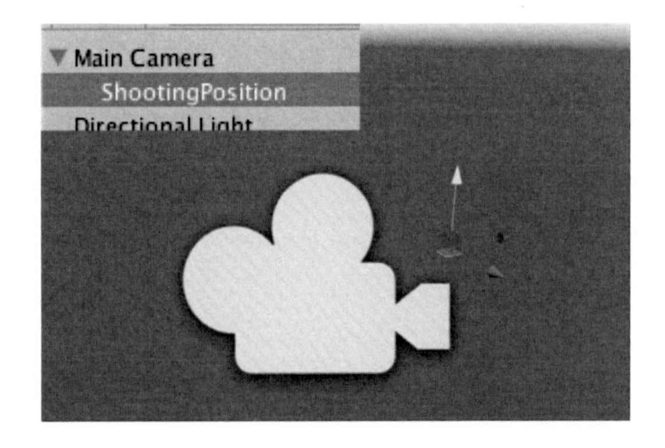


図 6.3　ShootPosition から Bullet が発射されるようにする

ShootPositionからBulletが発射されるようにする。

終わったらPlayerクラスの編集に戻り、メンバ変数に次の2つを定義しよう。

```
public GameObject bullet;
public GameObject shootPosition;
```

Hierarchy Viewに戻り、プレイヤーゲームオブジェクト（Main Camera）のInspectorに注目すると、上記で定義した2つのメンバ変数を格納するフィールドが現れるので、bulletにはProject ViewからプレハブBulletを、shootPositionへはHierarchy ViewからShootPositionをアサインする。これで、プレイヤークラスからそれぞれのゲームオブジェクトにアクセスできるようになった。

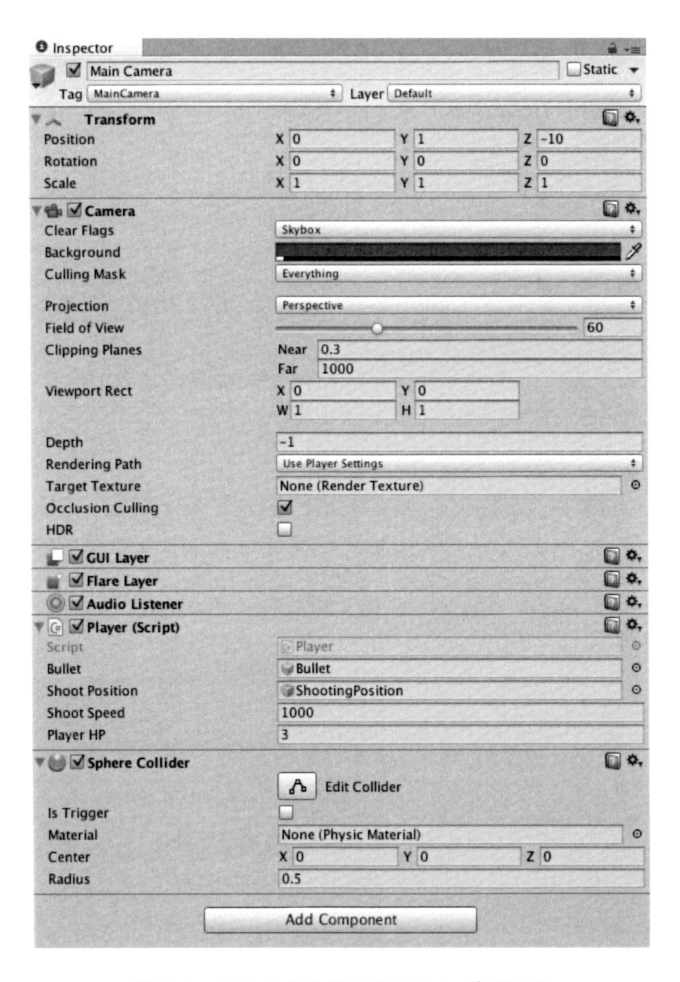


図6.4　このような見た目になればOKだ

最後に、弾丸が発射される仕組みを書いていこう。Input.GetButtonDown() の結果を判定するif 文の中に、次のように記述する。

```
    if (Input.GetButtonDown ("Fire1")) {
        // Bullet のゲームオブジェクトを生成する
        GameObject bulletInstance = Instantiate<GameObject>(bullet);
        // 生成した Bullet の位置を shootPosition に合わせる
        bulletInstance.transform.position = shootPosition.transform.position;
        bulletInstance.GetComponent<Rigidbody> ().AddForce
>(shootPosition.transform.forward  * 1000f);
    }
```

基本的にはスクリプト上のコメントの通りだが、ポイント毎に解説すると次のようになる。

- Instantiate<**型**>() で指定したオブジェクトを Scene 上に生成し、さらに指定した型で変数に格納できる
- GetConponent<**型**>() で指定した型のコンポーネントを取得できる（ここでは行っていないが、そのまま変数にも代入できる）
- Rigidbody コンポーネントの AddForce(**方向**) を使うと、物体を指定した方向に加速できる。transform.forward は自身の transform の前方を意味する。乗算している 1000f は物体の速度パラメータ

最終的なコードは、次のようになる。変更点は AddForce() を行っている箇所で物体の速度をメンバ変数で定義し、後から値を変更できるようにした。また、SDK を利用するハコスコ/Google Cardboard の場合は Start() 関数内の処理を加える必要がある。これは ShootPosition の回転を正しく反映させるためだ。

```
    public class Player : MonoBehaviour {

    public GameObject bullet;
    public GameObject shootPosition;
    public float shootSpeed = 1000f;

    /// <summary>
    /// ハコスコ/Google Cardboard のみ必要な処理（Gear VR の場合は不要）
    /// </summary>
    void Start()  {
        shootPosition.transform.parent = transform.FindChild ("Main Camera Left");
    }

    void FixedUpdate () {
        if (Input.GetButtonDown ("Fire1")) {
            // Bullet のゲームオブジェクトを生成する
            GameObject bulletInstance = Instantiate<GameObject>(bullet);
            // 生成した Bullet の位置を shootPosition に合わせる
```

```
            bulletInstance.transform.position = shootPosition.transform.position;
            bulletInstance.GetComponent<Rigidbody> ().AddForce
>(shootPosition.transform.forward  * shootSpeed);
        }
    }
```

### プレイヤー機能の仕上げ

プレイヤー機能の仕上げとして、最後にゲームの進行上必要なパラメータを Player クラスに設定しよう。ここは、HP パラメータをメンバ変数の形で設定しておく。

```
    public int playerHP = 3;
```

また、Main Camera オブジェクトに AddComponent ボタンから Sphere Collider コンポーネントをアサインしておこう。この Collider は衝突判定を行う際に必要で、後述するエネミー機能の実装で使用する。

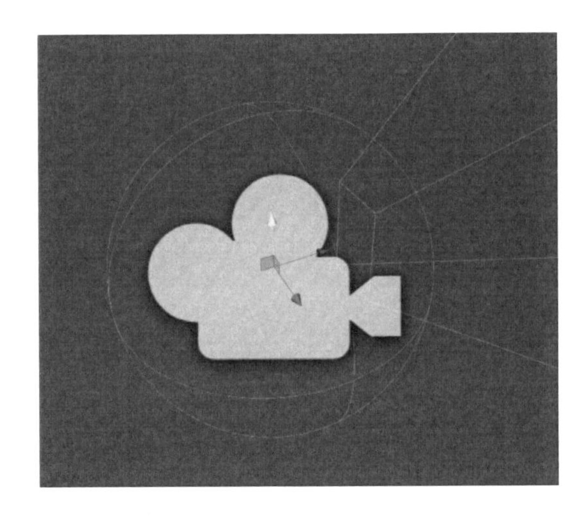

図 6.5 緑の球体が Sphere Collider だ

## 6.2 エネミー機能の実装

今度はエネミー機能を実装していく。ここでは最低限の機能として、次の 3 つの要素を定義した。

- HP・攻撃力・移動スピードのパラメータを持つ
- ゲームが開始するとプレイヤーに向かってきて、プレイヤーと衝突したらプレイヤーの HP を攻撃力分減少させる
- Bullet と衝突したら消滅する

## エネミーの用意とパラメータ定義

まずは、Hierarchy 上で Create > 3D Object > Cube を作成し、エネミーゲームオブジェクトにしよう。次に、AddComponent をクリックして Rigidbody コンポーネントをアサインし、Use Gravity のチェックを外しておく。最後は、例によって Enemy.cs を作成し、エネミーゲームオブジェクトにアサインする。

| Rigidbody | |
|---|---|
| Mass | 1 |
| Drag | 0 |
| Angular Drag | 0.05 |
| Use Gravity | ☐ |
| Is Kinematic | ☐ |
| Interpolate | None |
| Collision Detection | Discrete |
| ▶ Constraints | |

図 6.6　このオプションを外すとゲーム開始時に重力によって無限に-Y 方向へ移動してしまうのを防ぐ

続けて、HP・攻撃力・移動スピードのパラメータをメンバ変数として記述する。

```
public int enemyHP = 1;
public int enemyAttack = 1;
public float enemySpeed = 1;
```

## エネミーの移動処理を実装する

エネミーの移動機能は、まず Start() 関数でプレイヤーを探し GameObject.Find (**名前**)、毎フレーム分の処理を実行する Update() 関数内で必ずプレイヤーをエネミーの正面に捉えるようにし (transform.LookAt(**方向**))、transform.Translate(**方向**) でエネミーの前方へ移動させるようにする。これで、エネミーはどのような位置にいても必ずプレイヤーに向かって移動するようになるわけだ。試しに、ゲーム実行中にプレイヤー (Main Camera) を手動で上に移動してみると、エネミーは追いかけるようについてくるはずだ。

```
    private Player player;

    void Start () {
        // プレイヤーゲームオブジェクトを探し、Player コンポーネント（クラス）をメンバ変数に格納す
る
        player = GameObject.Find ("Main Camera").GetComponent<Player> ();
    }

    void Update () {
        // プレイヤーの方を向く
        transform.LookAt (player.transform);
        // 自分の前方（forward）へ移動する
        transform.Translate (transform.forward * enemySpeed, Space.World);
    }
```

## エネミーの衝突検知

ゲームオブジェクト同士がぶつかりあったとき、次の 2 つの条件であれば、その衝突を検知できる。

- ゲームオブジェクト同士が Collider コンポーネントを持つ
- ゲームオブジェクトのうち片方・もしくは両方に Rigidbody コンポーネントがある

今回はこの衝突検知を使って、次のケースを実装してみよう。

- プレイヤーから発射された弾がエネミーに当たったとき
- プレイヤーに接触したとき

Enemy クラスで OnCollisionEnter(Collision **衝突**) を使って実装していく。引数の Collision で衝突した相手のゲームオブジェクト名を取得できるので、プレイヤーに衝突した場合と弾丸で撃墜された場合とで処理を分けることができる。Destroy() 関数は MonoBehaviour 関数の 1 つで、引数に指定したゲームオブジェクトを Scene 上から削除できる。ここでは、プレイヤーに衝突・もしくは弾丸と衝突した場合に自身を削除するようにしている。

```
    void OnCollisionEnter(Collision collision) {

    GameObject collisionTarget = collision.gameObject;

    if (collisionTarget.name.Contains ("Main Camera")) {
        // プレイヤーの HP を攻撃力分減らす
        collisionTarget.GetComponent<Player> ().playerHP -= enemyAttack;
        // 自身 (エネミー) を Scene 上から削除
        Destroy (gameObject);
    }
```

```
else if(collisionTarget.name.Contains("Bullet"))
{
    // 自身 (エネミー) を Scene 上から削除
    Destroy (gameObject);
}
```

ひと通りの実装ができたら、実機にビルドするなどしてテストプレイをしてみよう。エネミーゲームオブジェクトを［Ctrl］＋［D］キー（mac なら［cmd］＋［D］キー）で複製し、それぞれのエネミーのパラメータや位置を調整するなどして難易度を変えてみるのも良いだろう。

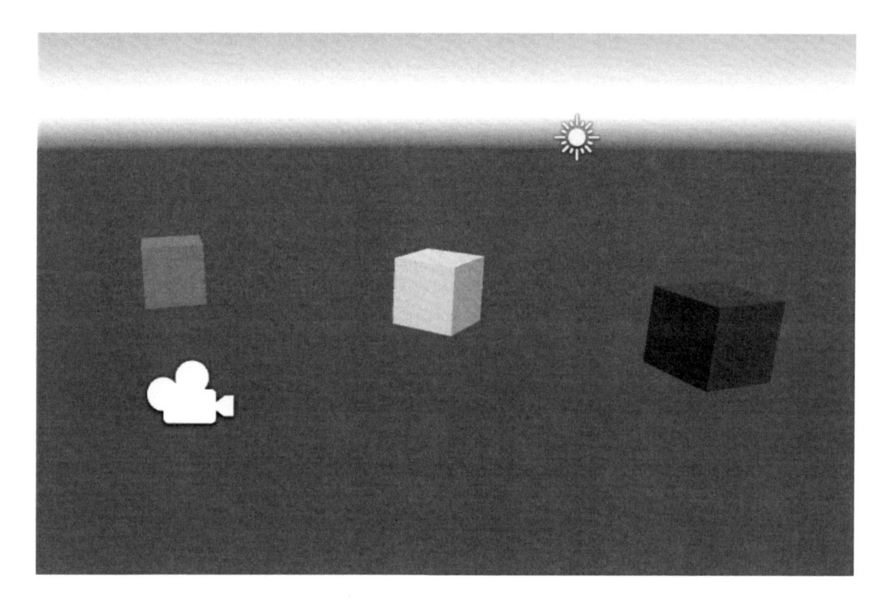

図 6.7　複数のエネミーを配置してマテリアルの色も替えることで調整がしやすくなる

# 6.3　おわりに

次章は、残る機能「ゲームサイクル」の実装と、グラフィックを強化しゲームの「にぎやかし」要素を増やすことで、ゲームの完成度を高めていく。

# 第7章　VRゲームのグラフィックを強化しよう（前編）

前章はC#スクリプトを用いて、HPや弾を撃つなどのプレイヤー機能と敵の機能などを実装した。仮のグラフィックとしてキューブなどのオブジェクトを配置していたが、これでは全く味気がない。そこで今回は、敵のグラフィックをテクスチャやアニメーションの付いた3Dモデルに置き換え、またシーン全体のライティングを調整してゲーム全体のグラフィックを強化してみたい。



## 7.1　Unity Asset Storeからモデルを入手する

通常、3Dモデルなどのアセットは「Maya」などのDCCツールを用いて自分で制作するか、オンライン上に公開・販売されているものをダウンロードして入手する。後者の場合、第3章でサンプルプロジェクトをダウンロードした「Unity Asset Store」からさまざまなアセットを使用することが可能だ。今回は例として、以下のアニメーション付きキャラクターモデルと背景モデルの2種類のアセットを入手し、ゲームに取り込んでみる。なお、モデルデータの扱いは基本的にはどれも同じなので、自分の好きな世界観に合うアセットを入手してもOKだ（2017年02月現在、無料ダウンロードが可能）。

- Zombie: http://u3d.as/bFW（図7.1）
- Stylized Simple Cartoon City: http://u3d.as/mb9（図7.2）

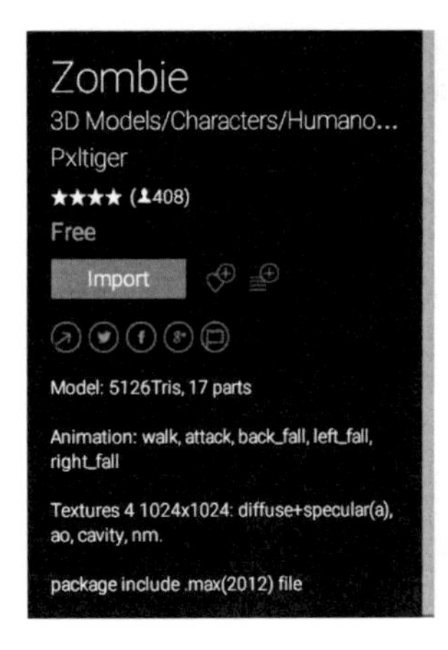

図 7.1　Zombie

図 7.2　Stylized Simple Cartoon City

## 7.2　キャラクターモデルを動かしてみよう

手始めに、Asset Store から入手したこのゾンビのキャラクターの 3D モデルを動かしてみよう。新しいシーンを作成して Assets/Zombie/Modelz@walk を配置すると、キャラクターがシーンに表示されるはずだ（図 7.3）。このゲームオブジェクトは、以前解説した基本的な 3D データである FBX データそのものである。

また、Assets/Zombie 以下には、マテリアルやそれにアサインされているテクスチャ、アニメーションファイルなども含まれている（図 7.4）。アニメーションファイルもファイル形式上は.fbx となっている。

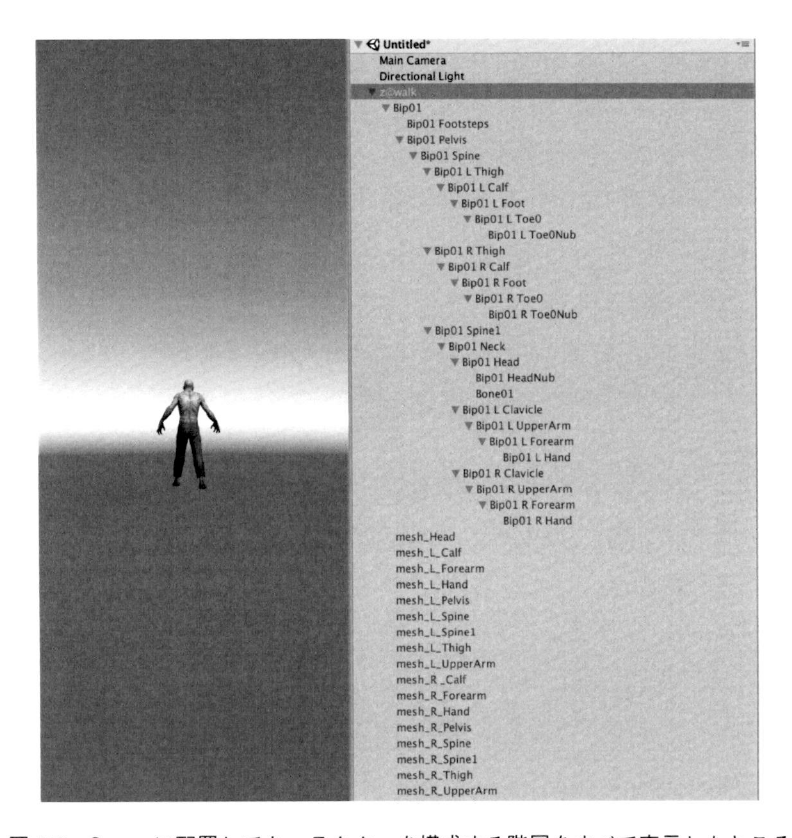


図 7.3 Scene に配置してキャラクターを構成する階層をすべて表示したところ

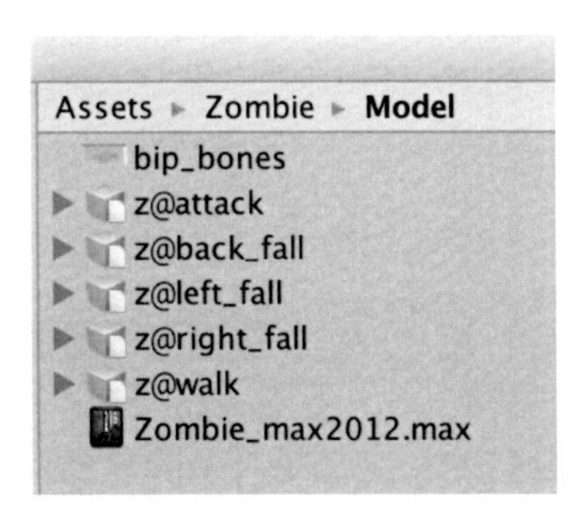


図 7.4 本アセットには 3DSMax で開けるオリジナルデータやジョイントの構成が一覧できる画像データも入っている

### [column] 自分で作成したモデルを Unity にインポートするには

自身で用意したモデルを Unity に入れる場合、次の点に気をつけて DCC ツールからデータを出力してみよう。

- 複数人とデータを共有する場合は fbx 形式で出力する
- デフォーマはジョイントのアニメーションにベイクする（ブレンドシェイプはインポート可能）
- DCC ツール上のカメラ・ライト・マテリアルは Unity と互換性がない
- テクスチャを fbx に embed しない場合は手動で Unity にインポートする

## アニメーションコントローラの設定

このモデルには 5 種類のアニメーションが含まれており、それぞれアニメーションさせることが可能だ。しかし、それにはアニメーションコントローラを作成して必要な設定を行わなければならない。アニメーションコントローラは**プロジェクトビュー上で右クリック** > `Animation Controller` で作成する。名前を `Zombie` としたらファイルをダブルクリックすると Animator ウィンドウが開く（図 7.5）。

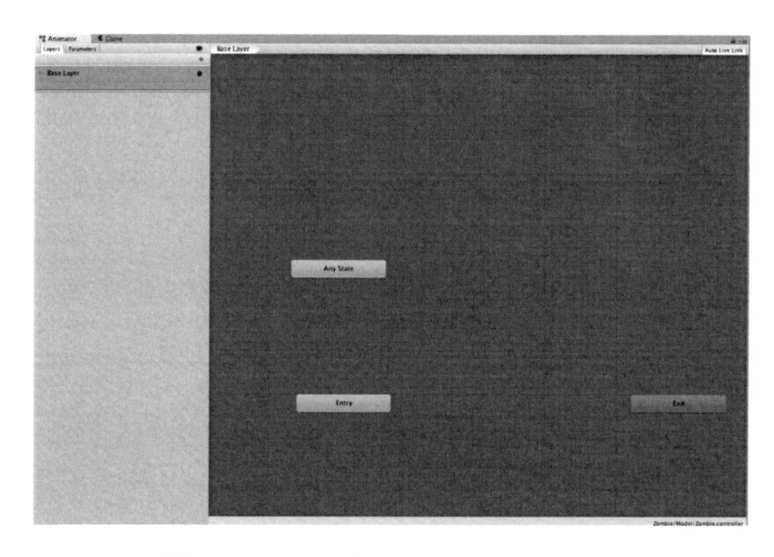


図 7.5　Animator ウィンドウを開いたところ

このウィンドウでは**各アニメーションの遷移**を定義する。例えば、キャラクターが移動するときは「walk」アニメーションを再生するが、攻撃するときは「attack」を再生する、といった具合だ。このようなそれぞれのアニメーションの状態を**ステート**と呼び、各ステートを定義するのがこの Animator ウィンドウなのだ。アニメーションコントローラを作成するとデフォルトで「Entry」と「End」ステートがすでに存在している。それぞれ「開始」と「終了」を意味するステートだ。

手始めに Animator **ウィンドウ上で右クリック** > Create State > Empty と操作して、新規ステートを作ってみよう。New State を選択するとインスペクタにステートが表示されるので、名前を Walk にしよう。続いて、Motion フィールドにプロジェクトビューの z@walk の下階層にある walk というオブジェクトをアサインしてみよう（図 7.6）。これで Walk ステートに walk アニメーションが設定される。

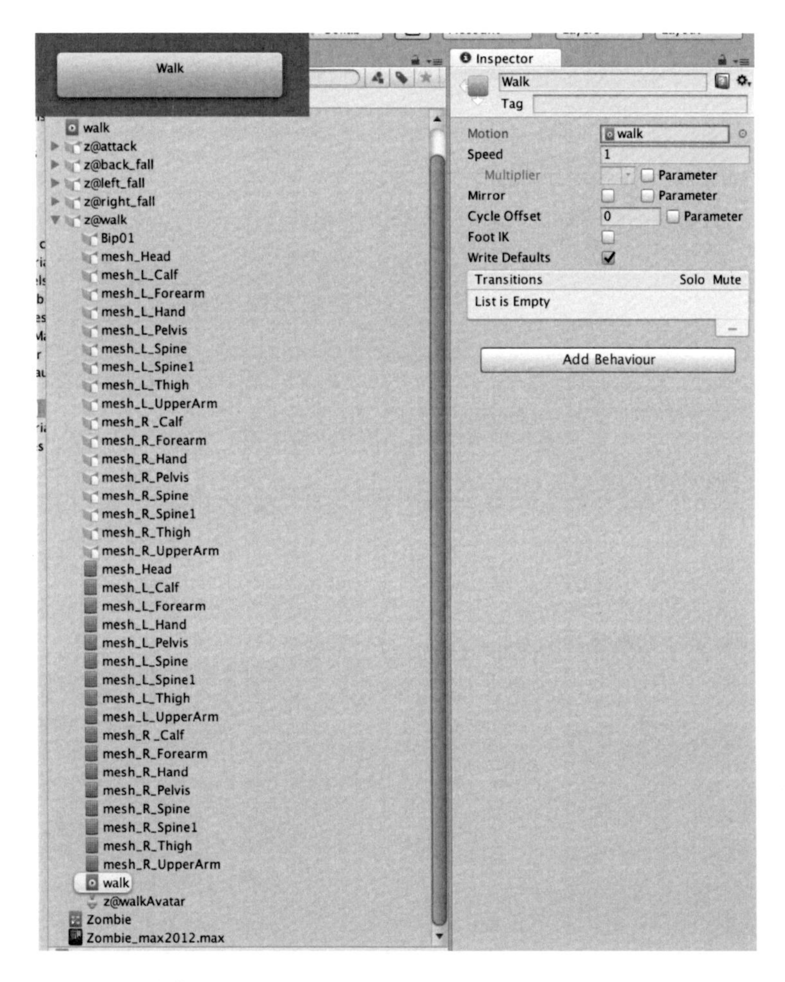


図 7.6 ステートを作成して Motion フィールドにアニメーションファイルをアサインする

次に、作成したアニメーションコントローラをシーン上のz@walkのAnimatorコンポーネントのControllerにアサインしよう（図7.7）。この状態でゲームをプレイしてみると、キャラクターがアニメーションするはずだ。

図7.7　作成したコントローラを、ゲームオブジェクトにアサインする

これは、ゲームを開始したことでアニメーションの初期ステートである「Entry」から歩きステートである「Walk」に遷移した、ということなのだ。また、Animatorウィンドウ上のオレンジの矢印（図7.8）は各ステートの遷移の方向を意味していることも理解しておこう。この矢印を**トランジション**と呼び、**各ステートを右クリック** > Make Transition > **遷移したいステートを押下**することで設定できる。また、今回のWalkステートのように最初に作成したステートを**デフォルトステート**と呼び、ステートがオレンジ色になっている。これは、あらかじめEntryステートからトランジションが設定されているということを覚えておこう。

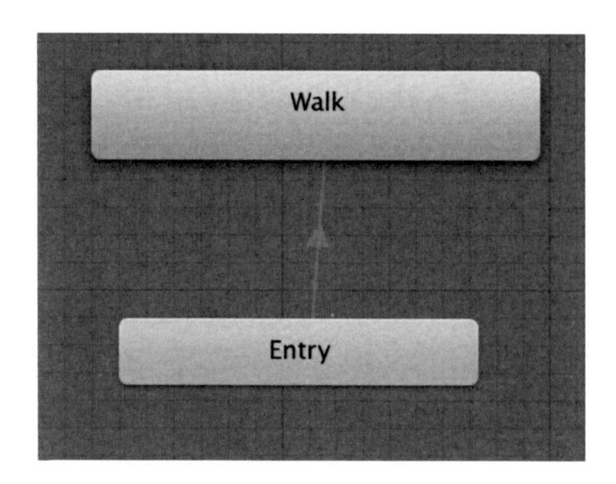


図 7.8 Entry ステートから Walk ステートに遷移したことでキャラクターがアニメーションした

しかし、このままでは Walk アニメーションが 1 ループしただけで終了してしまうので、プロジェクトビューの z@walk を選択し、インスペクタから Animation タブ > Loop Time にチェックを入れて Apply しておこう（図 7.9）。これで Walk アニメーションがループ再生される。

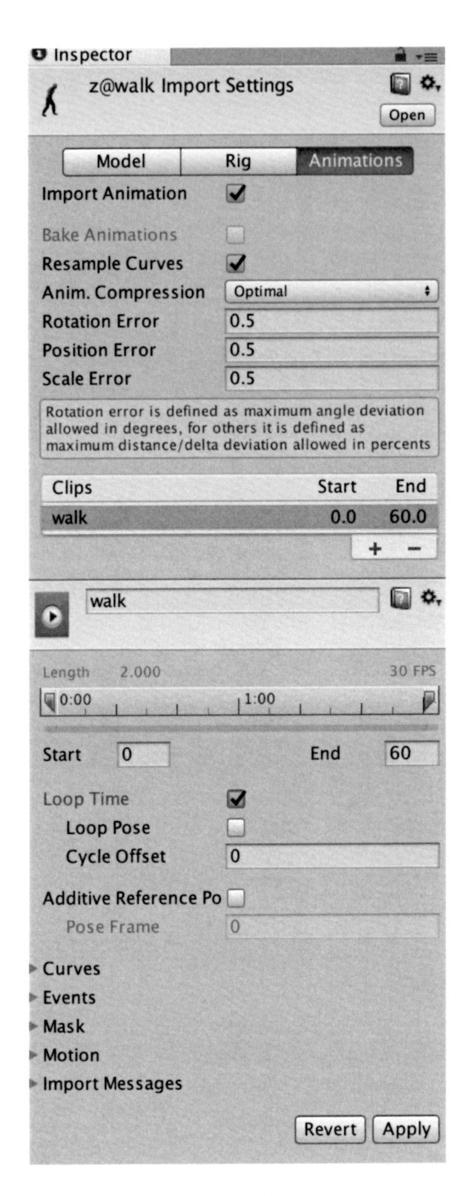


図 7.9　この設定でアニメーションがループ再生されるようになる

最終的に、全 5 種類のアニメーションを図 7.10 のような配置でステート設定した。「Dead」という名前のステートがあるが、これは Left Fall および Right Fall アニメーションの終了時にエネミーが消滅するのを自然に見せるためのいわばダミーステートで、アニメーションはアサインされていない。

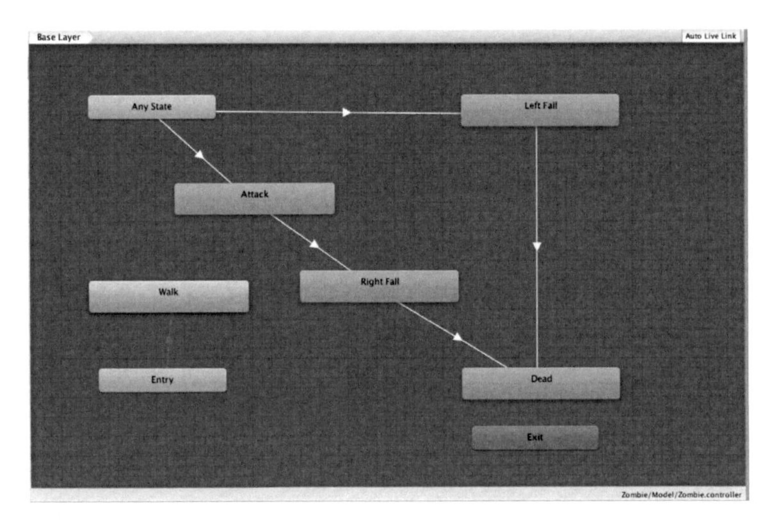


図 7.10 全 5 種類のアニメーションの最終的なステート配置

## Enemy クラスのアサイン

前章「VR シューティングゲームを実装しよう」で Enemy クラスを作成したときは仮モデルとしてキューブオブジェクトを使用したが、今回は z@walk に Enemy クラスをアサインする。Enemy Speed は 0.01 前後がちょうどいいだろう。この Enemy クラスでは衝突検知のためにコライダとリジッドボディコンポーネントを使用するため、それらもアサインしておこう。今回のような縦に長い形状のキャラクターには Capsule Collider を設定するのが一般的だ。コライダのサイズ調整も忘れずに。Rigidbody は Use Gravity のチェックを外しておこう（図 7.11）。これで試しにゲームを実行してみると、キャラクターが歩きながらカメラ（プレイヤー）に近づいてくるのが確認できるはずだ。

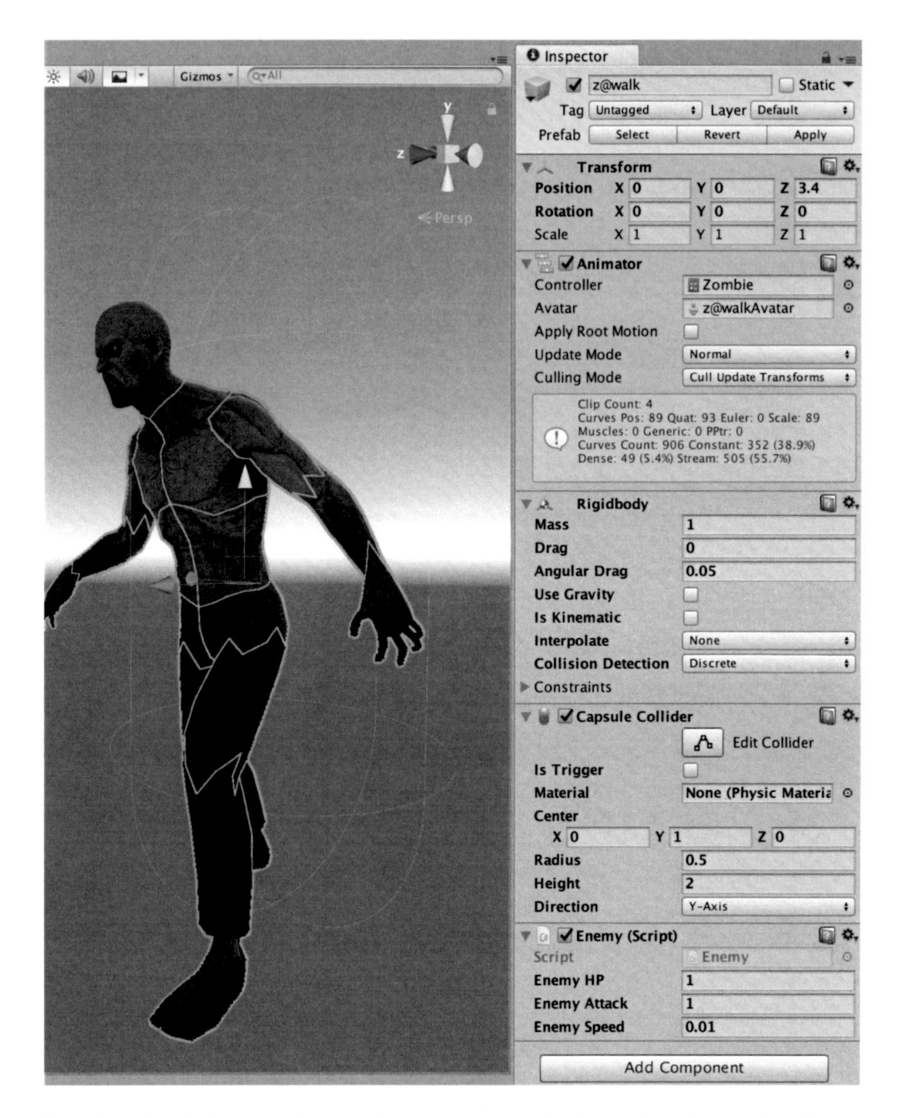


図 7.11　キャラクターに Enemy クラス、Capsule Collider、Rigidbody をアサイン

なお、前回作成した Enemy クラスは Main Camera に Player.cs がアサインされていないと動作しない。注意しよう。

## スクリプトからのステート制御

続いて、エネミーの行動によって再生するアニメーションを細かく制御していく。前回作成した Enemy.cs を次のように修正しよう。

```
~~~

public Animator anim;

~~~

void OnCollisionEnter(Collision collision) {

    GameObject collisionTarget = collision.gameObject;

    if (collisionTarget.name.Contains ("Main Camera")) {
        // 行動を停止
        Stop ();
        // 攻撃ステート開始
        anim.SetTrigger("Attack");
    }
    else if(collisionTarget.name.Contains("Bullet"))
    {
        // 自身のコライダを無効
        gameObject.GetComponent<Collider>().enabled = false;
        // 行動を停止
        Stop ();
        // 撃破ステート開始
        anim.SetTrigger ("Left Fall");
    }
}

void Stop(){
    // 移動を停止 & Rigidbody を無効
    enemySpeed = 0;
    gameObject.GetComponent<Rigidbody> ().isKinematic = true;
}

public void OnFinishedAttack() {
    // 自身のコライダを無効
    gameObject.GetComponent<Collider>().enabled = false;
    // プレイヤーの HP を攻撃力分減らす
    player.playerHP -= enemyAttack;
}

public void OnFinishedFall() {
    // 自身（エネミー）を Scene 上から削除
    Destroy (gameObject);
}
```

新たに anim というメンバ変数を public で設けたので、ゲームオブジェクト上のフィールドにEnemy 自身の Animator コンポーネントをアサインすることを忘れずに（図 7.12）。

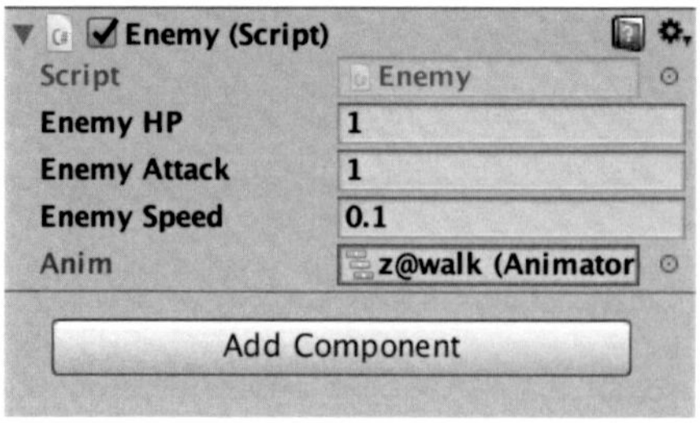

Enemy (Script)
Script　Enemy
Enemy HP　1
Enemy Attack　1
Enemy Speed　0.1
Anim　z@walk (Animator
Add Component

図 7.12　Animator フィールドに自身の Animator コンポーネントをアサインする

今回の修正は、次の 2 つの目的がある。

1. 各アニメーションステートへの遷移処理
2. アニメーションステートが終了したかどうかの処理

## 各アニメーションステートへの遷移処理

衝突検知時の分岐で `SetTrigger()` というメソッドがあるが、これは**アニメーショントリガ**を呼ぶための処理である。アニメーショントリガはアニメーションコントローラで設定したトランジションを実行するためのパラメータで、スクリプトからステート遷移を行うために欠かせないものだ。つまり、スクリプトから SetTrigger("トリガ名") を実行することでトリガによってトランジションが開始され、アニメーションステートが遷移する。例えば、Walk ステート中にスクリプトから Attack トリガが呼ばれるとステートが Attack に遷移し、Attack アニメーションが再生されるわけだ。

このアニメーショントリガはまだ未作成なので、Zombie アニメーションコントローラをもう一度開いて設定しよう。図 7.13 に示すボタンでアニメーショントリガを作成できる。名前は「Attack」としておこう。

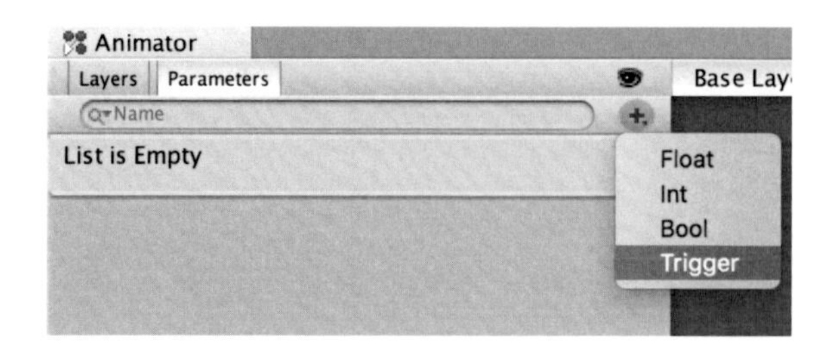


図 7.13　アニメーショントリガの作成

Any StateからAttackステートへのトランジション（矢印）を選択すると、インスペクタにトランジションの内容が表示される。ここでCondisionsに先ほど作成したアニメーショントリガ「Attack」を設定すればOKだ（図7.13)。同様にAny StateからLeft FallにもLeft Fallトリガを作成してトランジションを設定しておこう。

図7.14　トランジション（矢印）を選択してAttackステートのConditionにトリガを設定する

これで、スクリプトからプレイヤーへの攻撃時には Attack トリガが、エネミー撃破時には Left Fall トリガが呼ばれ、それぞれのステートにトランジションするようになった。

## アニメーションステートが終了したかどうかの処理

「あるステートが終了したタイミングで何らかの処理をしたい」というケースがある。例えば、Left Fall アニメーションが終了したら OnFinishedFall() メソッドを呼びたい、という場合だ。このような場合は StateMachineBehaviour を継承したクラスを用意することで対応できる。

まず、名前を EnemyFall.cs とする新規クラスを作成して、次のようにしてみよう。

```
using System.Collections;
using System.Collections.Generic;
using UnityEngine;

public class EnemyFall : StateMachineBehaviour {

override public void OnStateExit (Animator animator, AnimatorStateInfo stateInfo,
int layerIndex)
{
    animator.GetComponent<Enemy> ().OnFinishedFall ();
}
```

スクリプト内の OnStateExit() はアニメーションステートが終了するときに呼び出されるオーバーライドメソッドだ。ここでは、アニメーション再生が終わりステートが終了する間際にエネミーを消去するメソッドである OnFinishedFall() が呼ばれるようになっている。なお、StateMachineBehaviour 継承クラスはゲームオブジェクトではなくアニメーションステートにアサインしなければならないため、アニメーションコントローラを開いてインスペクタから Left Fall および Right Fall ステートにアサインしよう（図 7.15）。

同様に、Attack ステート終了時にもプレイヤーの HP を減らす処理 OnFinishedAttack() を実行したいため、以下の内容でスクリプトを作成し Attack ステートにアサインしておこう。

```
using System.Collections;
using System.Collections.Generic;
using UnityEngine;

public class EnemyAttack : StateMachineBehaviour {

override public void OnStateExit (Animator animator, AnimatorStateInfo stateInfo,
int layerIndex)
{
    animator.GetComponent<Enemy> ().OnFinishedAttack ();
}
```

なお、StateMachineBehaviour 継承クラスでは、他にもさまざまなステートのタイミングで

図 7.15 StateMachineBehaviour 継承クラスをアニメーションステートにアサインする



処理を呼び出すことができる。ぜひ API リファレンス*1で確認してみよう。

*1 https://docs.unity3d.com/ScriptReference/StateMachineBehaviour.html

# 7.3　動作確認をしよう

ここまでの作業が完了したら、改めて動作確認をしてみよう。次の流れで処理が実行されていれば完璧だ（図 7.16）。

- エネミーがプレイヤーによって撃破される場合
  - Walk → 弾丸の衝突検知 → Left Fall → OnFinishedFall() によって消滅
- エネミーがプレイヤーに攻撃する場合
  - Walk → プレイヤーの衝突検知 → Attack → OnFinishedAttack() によってプレイヤー HP 減少 & Right Fall → OnFinishedFall() によって消滅

図 7.16　カメラ（プレイヤー）にキャラクターが移動＆攻撃しているところ

最後に、シーン上の z@walk はゲームオブジェクトとしての状態を保存するためにプレハブ化しておこう。

# 7.4　おわりに

これで、グラフックを強化してゲームの完成度を高めることができた。次章は背景モデルにライティングを施して、ゲームをよりリッチな見た目にしていく。

# 第8章　VRゲームのグラフィックを強化しよう（後編）

前章は、アニメーションの付いた3Dキャラクターモデルの設定を行い、それをエネミークラスと連携させる方法を解説した。次は、背景モデルに対してライティングを行うことで、ゲームの見た目をよりリッチにしてみよう。なお今回の解説では、Unityアセットストアで無料で公開されているStylized cityを使用する。こちらを利用したい人は、事前にアセットストアから入手し、プロジェクトにインポートしておこう。

## 8.1　ライティングとは

8

CGのライティング（Lighting）とは、その名の通り「照明」の効果をシーンに適応することだ。例えば現実世界では、屋内において天井の照明や暖炉の火の明かりの有無などで、部屋の見え方が大きく変わってくるし、屋外では太陽という「照明」が時間によって変化することで朝・昼・夜といった異なる状況が生まれる。ライティングは、このような光による変化をCG空間上で再現するための手段なのだ。しかし、リアルタイムで描画されるCGの照明は現実と異なったはたらきをしているため、それを理解するためにはいくつかポイントを抑えておく必要がある。なお、ライトそのものに関する基礎的な内容はここでは解説しないので、Unityの公式ページ[*1]などで確認しておこう。

### 直接光と間接光

ゲームエンジンにおける光には、「直接光」と「間接光」の２種類がある。ここでは、ライト

*1　https://docs.unity3d.com/ja/current/Manual/LightSources.html

**から直接照射される光が直接光**で、その**直接光が物体に当たって跳ね返った光を間接光**としておこう。間接光は光が跳ね返る分だけ、何回も計算を行う必要があるため、リアルタイム CG で表現するには難しい。そのため、間接光は事前に計算しデータに保存しておくことで、ゲーム中に表現することができる。このような直接光と間接光の表現を、一般的な CG では**グローバルイルミネーション（GI）表現**と呼ぶので覚えておこう。この GI 表現は Unity だと、「リアルタイム GI」・「ライトマップ」・「ライトプローブ」の３種類の方法で表現できるが、リアルタイム GI はモバイル VR には処理負荷的に適さないためは除外し、ライトマップ・ライトプローブの２つの方法を解説していく。

## リアルタイムライトとベイクライト

ライトにも、「リアルタイムライト」と「ベイクライト」、その２つの両方の性質をもつ「ミックスライト」の３つの種類がある。これらを見分けるために、ライトのインスペクタの「Mode」に表示されている項目を見てみよう。リアルタイムライトは、直接光として常にオブジェクトに対して光を照射し、リアルタイム GI の間接光にも影響を与える。（ここでは詳しくは解説しない）

ベイクライトは、**ライトマップやライトプローブを作成するときに使用されるライト**だ。**ライトマップ**というのは、直接光及び間接光を事前に計算し、その結果をテクスチャとして保存したものだ。一方の**ライトプローブ**は、直接光と間接光の情報を「空間」に保存する。このように事前に計算し保存しておいた光の情報を使用することで、直接光＋間接光の表現をゲーム中にリアルタイムで行えるわけだ。ミックスライトは、**前述の通りリアルタイムライト・ベイクライトの２つの性質**をもつ。

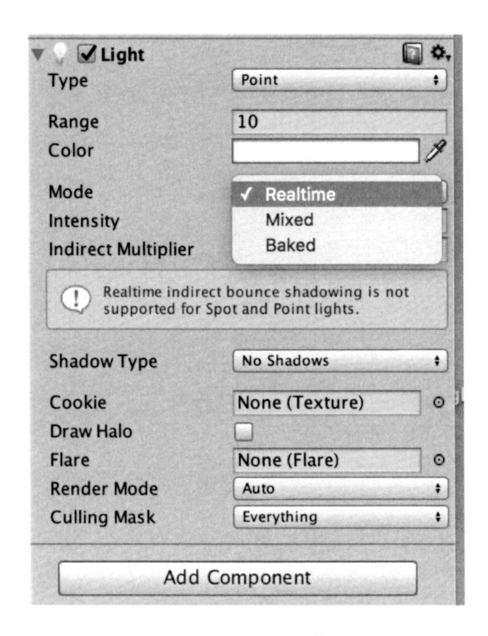


図 8.1 ライトのモードを抑えておこう

## static オブジェクトと non-static オブジェクト

ライティングに関する最後の解説として、static / non-static オブジェクトについて説明しておこう。**その場から動かないオブジェクトを static オブジェクト、そうでないものを non-static** と呼ぶ。具体的には、背景モデルなどは、ゲーム中に絶対にその場から動かないモデルが static オブジェクトで、キャラクターモデルや、背景モデルでもドアや宝箱といった、アニメーションするオブジェクトが non-static オブジェクトだ。このようにモデルを 2 つに分けるのは、主に描画負荷を減らすための仕組みである「ドローコールバッチング」が動作するようにするためだ。static になっているオブジェクトは、たとえ異なるオブジェクトでも、諸条件さえ揃えば自動で描画をひとまとめにするドローコールバッチングが行われる。それによる処理負荷軽減の恩恵をうけるため、背景などの動かないオブジェクトは、必ず static オブジェクトにする必要がある。

ライティングの話に戻すと、**static オブジェクトはライトマップ**、そして **non-static オブジェクトはライトプローブ**によって、ライティング表現する。

すべてのゲームオブジェクトは、何もしなければ常に non-static オブジェクトの状態だ。インスペクタの右上に表示されている「static」オプションを押下すれば、static オブジェクトにすることができる。

8

### ライティングのポイントまとめ

これまでに解説したポイントをまとめると、以下のようなマトリクスになる。

| オブジェクトの種類 | 表現方法 | 具体例 |
|---|---|---|
| static | ライトマップ | 背景モデルなど |
| non-static | ライトプローブ | キャラクターモデル・動く背景モデルなど |

※リアルタイム GI を使用するケースは含まず

## 8.2　背景モデルをライティングしてみよう

ライティングに関する大まかな概要をつかめたところで、実際にシーンをライティングしてみよう。今回使用する背景アセット「Stylized Simple Cartoon City」は、`Assets > Area730 > Stylized city > Prefabs` にモデルのプレハブが保存されている。新規のシーンを作り、そこへプレハブを組み合わせて配置し、背景シーンを組み立ててみよう。

ヒエラルキーパネル上の `Create Empty` で空のトランスフォームを作成し、そこに背景のオブジェクトを入れておくと、ヒエラルキーがすっきりするので、こちらもやっておこう。

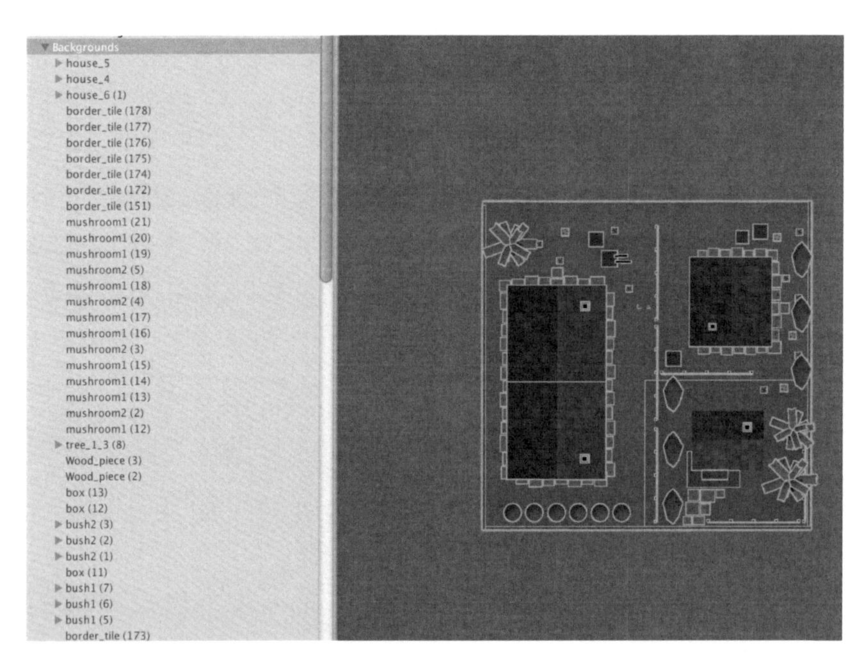


図 8.2　空の Transform はオブジェクトのグルーピングにも活用できる

また、背景オブジェクトはstaticオブジェクト扱いとなるので、ルートとなるトランスフォームを選択してから、インスペクタ上のstaticのチェックボックスを有効にしておこう。この時、ダイアログで「Yes, change children」とし、子オブジェクトすべてに対してstaticが有効になるようにしよう。

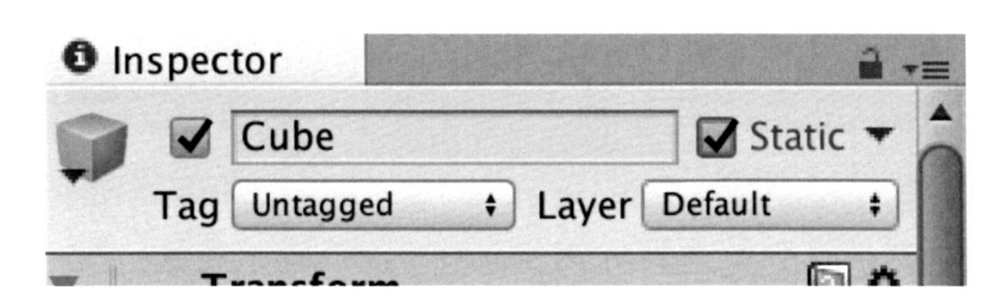


図8.3　インスペクタのstaticオプションを有効にする

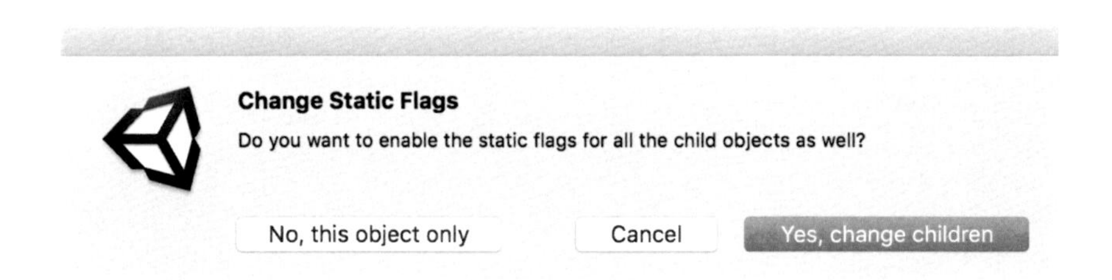


図8.4　ダイアログにて「Yes change children」を選択することで、オブジェクトの子供までオプションが有効になる

最後に、シーンの保存も忘れずに。

## アセットの最適化

次は、アセットの最適化だ。本アセットの殆どのマテリアルはStandardマテリアルと呼ばれるPBR表現（物理的に正確な光表現）が行えるマテリアルで構成されており、それだと重すぎてモバイル用途に向かないため、軽量なマテリアルに変更する必要がある。

`Assets > Area730 > Stylized city > Materials`の中にあるマテリアルアセットをすべて選択し（この時フォルダは選択しないように）、マテリアルのシェーダを`Legacy Shaders > Diffuse`に変えておこう。

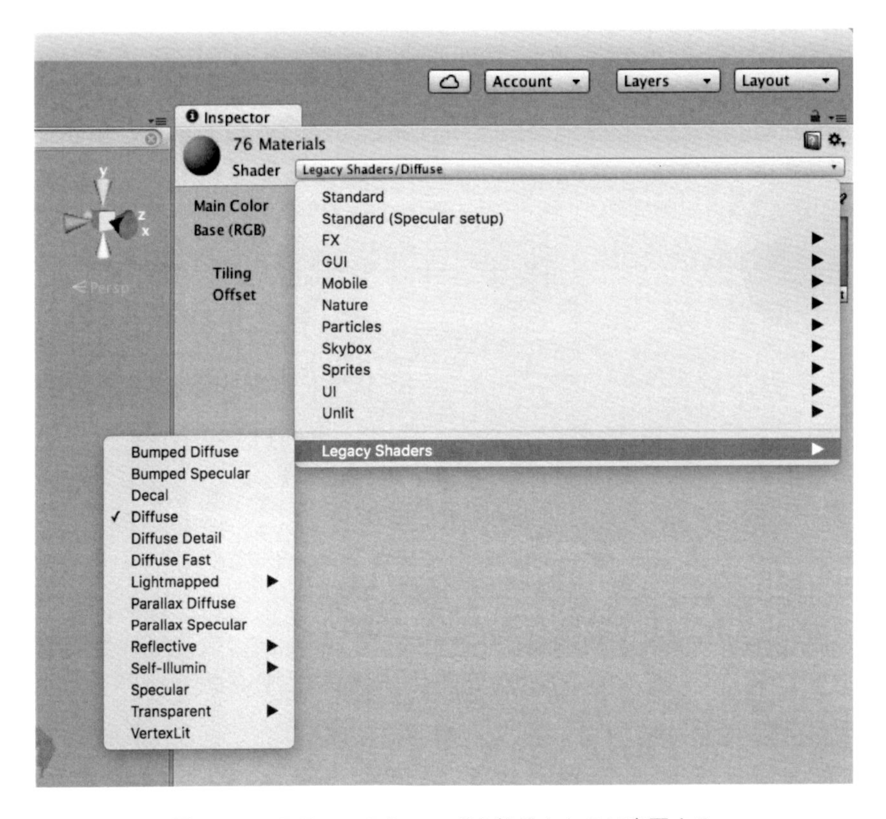


図8.5　マテリアルのシェーダを軽量なものに変更する

最後に、Assets > Area730 > Stylized city > Modelsから、マテリアルの時よ同様にすべてのモデルアセットを選択し、インスペクタからGenerate Lightmap UVsにチェックを入れ、Applyしておこう。これは、後で解説するライトマップが正しくモデルに反映されるようにするためだ。

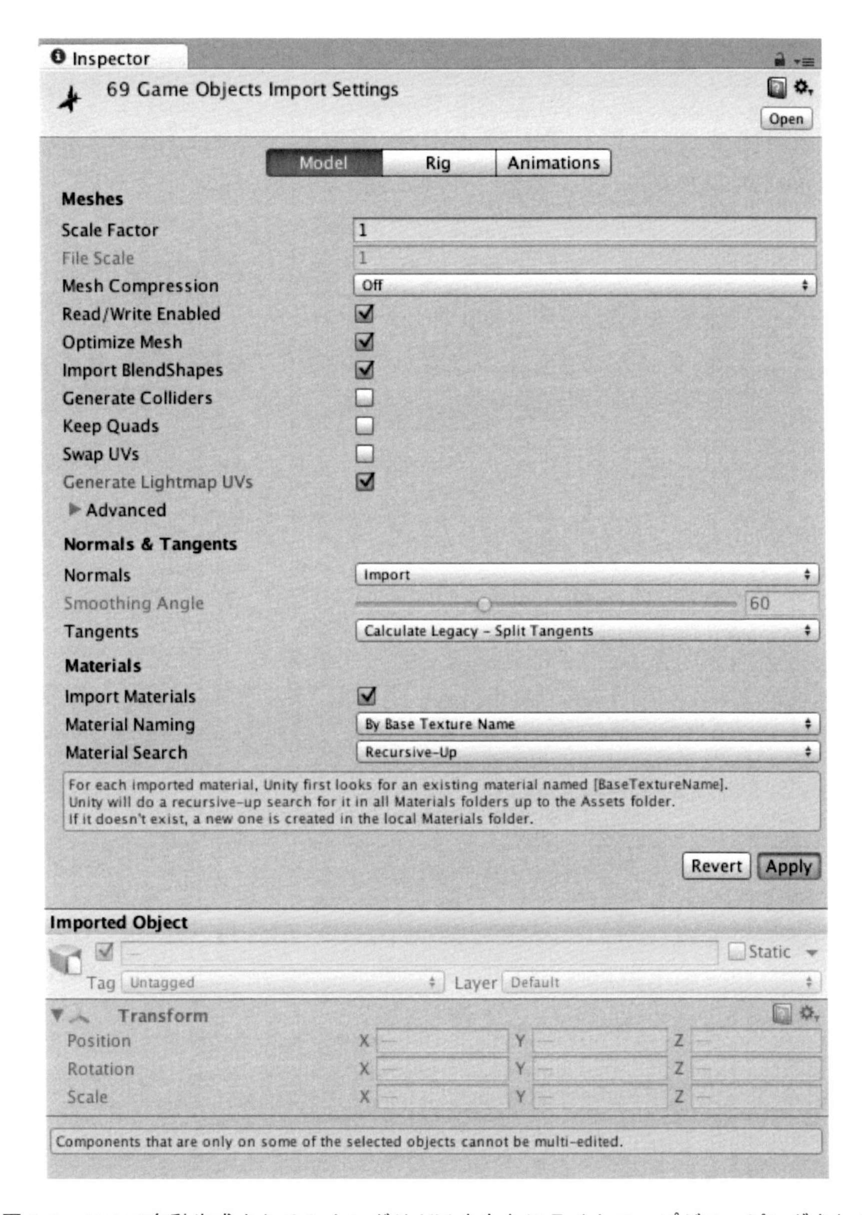


図 8.6 ここで自動生成されるセカンダリ UV をもとにライトマップがマッピングされる

なお、自前の背景モデルを使用する場合も、上記の処理をマテリアルとモデルに対して行えばOK だ。

## ライトの配置

いよいよライトを配置していこう。まずは、Create > Light > Directionl Light で、直接光となるライトを配置してみよう。Directionl Light は太陽光などの平行光源を表現するのに使われるライトで、今回のような屋外のシーンをライティングするのにピッタリだ。

この光源の特徴として、ライトを回転させることで、光源の向きを調整することができる。また、Intensity で光源の強さを、Color で色を変えることができる。今回は、夜のシーンを表現したいので、青めのライト設定にした。最後に、ライトのインスペクタから Mode を Baked に、Shadow Type を Soft Shadow にしておこう。こうすることで、後でライトマップを生成したときにライトにあたったオブジェクトから影が落ちる設定になった。これ以外にも自由に任意のライトを配置してもよいが、次の点に注意しよう。かならずベイクライトにしておこう。

図 8.7　色や方向を変え、シーンをライティングしてみよう

そして、ライトもまた専用の空トランスフォームの下階層でまとめれば、管理が楽になる。

## ライトプローブの作成

次は、non-static なゲームオブジェクトの環境光を設定するために、ライトプローブを設置してみよう。ヒエラルキーパネル上で、Create > Light > Light Probe Group と進み、ライトプローブを作成する。ライトプローブを選択したら、インスペクタ上から Edit Light Probe を実行しよう。

シーンビュー黄色いスフィアで表示されているのがライトプローブで、このライトプローブに囲まれたエリアの環境光をサンプリングし、それをゲームオブジェクトに照射する。なので、このライトプローブはできるだけ non-static なオブジェクトが存在する可能性のある空間をカバーするように配置するのが望ましい。スフィアを選択し、位置を調整してみよう。マップが複雑な場合は、ライトプローブの数を増やしてライトプローブグループの形状を変えることもできるが、ライトプローブの数が増えれば処理負荷も上がるため、注意が必要だ。

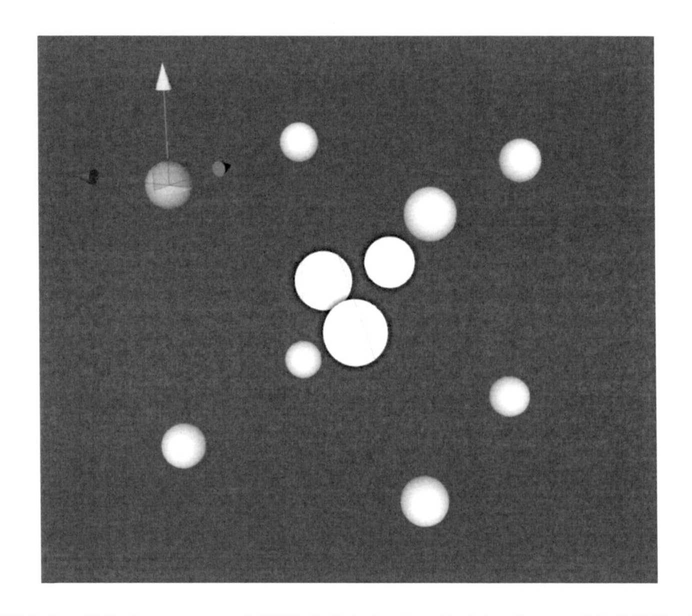

図 8.8　黄色のスフィアを移動することで、ライトプローブの空間作る



今回はモバイルでビルドすることに加えて、ライトプローブグループが 1 つでもシーンに存在すれば自然な環境光を作り出してくれるため、今回は最小の 8 個のライトプローブでライトプローブグループを作成した。

図 8.9　家と家の間の路地にライトプローブ空間ができるように設置した

ライトプローブからの環境光を実際に確かめるためには、この後のライトマップの作成が終わるまで待つ必要がある。

## ライトマップの作成

**本解説では Unity 2017 以降を対象としている。それ以前のバージョンでは、操作方法が異なるので注意。**

Window > Lighting > Settings へ進み、ライティングの設定画面が開く。次の点に注意して設定してみよう。

- Skybox Material
    - Skybox は CG 空間で最も奥で描画され、文字通り空などを表現するときに使用する。ただし、Default-Skybox は描画コストがかかるため、モバイル向けの場合は None にしておくほうが無難だ。
- Environment Lighting
    - ここでは環境光の設定を行う。ここでの設定はライトマップ・ライトプローブに影響を与える
    - Source は Color にし、Ambient Color で環境光の色を指定する
    - Ambient Mode は Baked にしよう。
- Realtime Lighting
    - Realtime Global Illumination のチェックをはずす。（リアルタイム GI は使用しないため）
- Mixed Lighting
    - Lighting Mode は Baked Indirect にしておく。
- Lightmapping Settings
    - Directional Mode は Non-Directional にしておく。
- Lightmap Parameters から、ライトマップの品質に関するプリセットが選べる。ライトマップの作成に時間がかかるようなら、Default-VeryLowResolution を選ぶ。

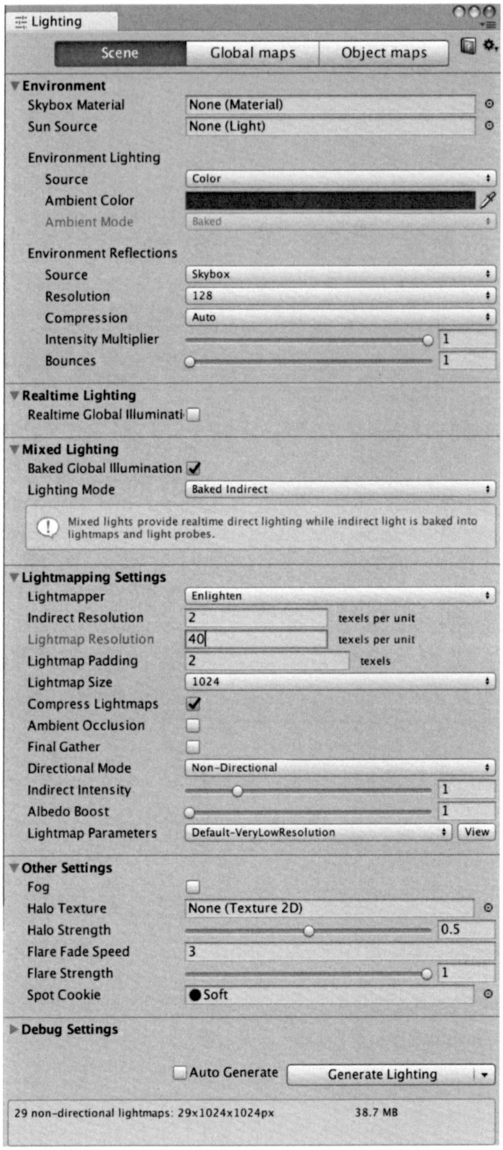

Lighting
Scene　Global maps　Object maps
Environment
Skybox Material　None (Material)
Sun Source　None (Light)
Environment Lighting
Source　Color
Ambient Color
Ambient Mode　Baked
Environment Reflections
Source　Skybox
Resolution　128
Compression　Auto
Intensity Multiplier　1
Bounces　1
Realtime Lighting
Realtime Global Illuminati
Mixed Lighting
Baked Global Illumination
Lighting Mode　Baked Indirect
Mixed lights provide realtime direct lighting while indirect light is baked into lightmaps and light probes.
Lightmapping Settings
Lightmapper　Enlighten
Indirect Resolution　2　texels per unit
Lightmap Resolution　40　texels per unit
Lightmap Padding　2　texels
Lightmap Size　1024
Compress Lightmaps
Ambient Occlusion
Final Gather
Directional Mode　Non-Directional
Indirect Intensity　1
Albedo Boost　1
Lightmap Parameters　Default-VeryLowResolution　View
Other Settings
Fog
Halo Texture　None (Texture 2D)
Halo Strength　0.5
Flare Fade Speed　3
Flare Strength　1
Spot Cookie　Soft
Debug Settings
Auto Generate　Generate Lighting
29 non-directional lightmaps: 29x1024x1024px　38.7 MB

図 8.10　ライトマップ生成の設定画面

最後に、ウィンドウの最下部の Auto Generate のチェックを外し、隣の Generate Lighting ボタンを押すと、ライトマップの生成が始まる。Unity Editor の右下のプログレスバーがなくなれば、完了だ。

7/11 Light Transport | 14 jobs

図 8.11　ライトマップ生成には時間がかかる

## シーンの確認と調整

ライトマップが作成が終わったら、シーン全体を見渡してみて、static なオブジェクトにライトマップが適応されているかどうか（影などがテクスチャとして焼きこまれているのがわかるはずだ)、non-static なオブジェクトに直接光と間接光が当たっているか、確認してみよう。

図 8.12　影がテクスチャ（ライトマップ）として焼きこまれている

最後に、Lighting Settings パネルの下部にある Fog の設定をしてみよう。Fog は霧がかかったように奥に行くほど霞んでみえる表現を作ることができる。フォグの色や深度などを設定し、より雰囲気を高めてみよう。

図 8.13　フォグの効果で雰囲気がだいぶ変わる

## 8.3　ビルドして遊んでみよう

ライティングの設定が一段落したら、今まで作ったクラスやキャラクターをシーンに設定しなおし、Unity Editor 上で動作を確認したら、端末にもビルドして遊んでみよう。

今回の解説をもって、モバイル VR 開発入門はすべて完了となる。開発環境のセットアップから、Unity そのものの仕組み、C#を使ったゲームロジックの作成、グラフィクス設定の方法を紹介してきたが、実はこれでほとんどの VR 開発に必要な基礎的な知識をカバーしたことになる。もちろん、この他にもさまざまな機能があるが、まずは最低限ゲームとして成り立つプログラムを作った後（ミニマルデザイン）、さらに高度な表現を実現するための機能を自分で調べていくとよいだろう。

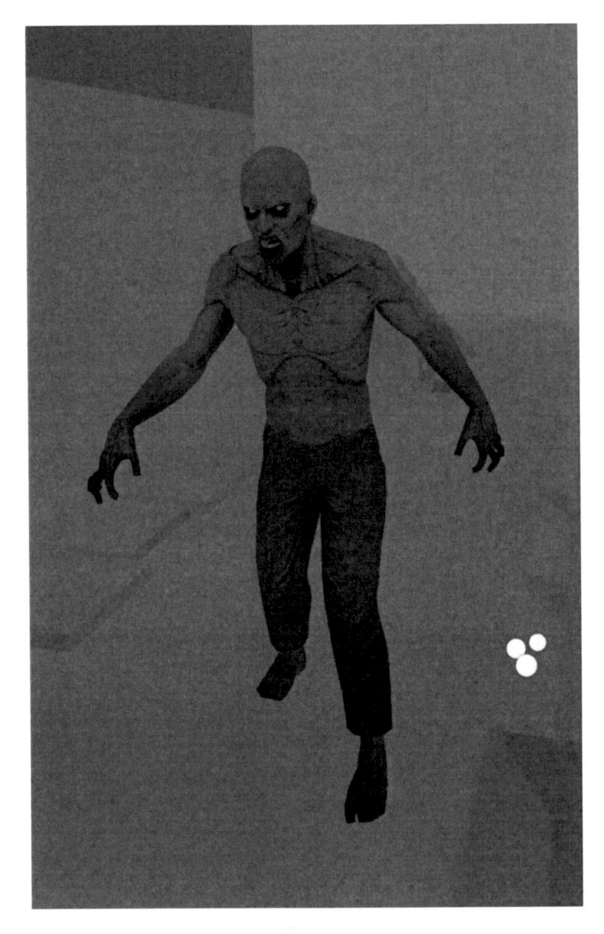

図 8.14　前回制作したエネミーのキャラクターを設置したところ。ライトプローブによって、直接光の紫色と周囲の間接光がかかっているのがわかる

●著者紹介

**酒井 駿介**
グリー株式会社
アプリ制作会社などでモバイルアプリの開発業務を経て、2015年よりグリー株式会社所属。Technical Artistチームにて、3Dアートアセットパイプラインの構築や、シェーダ開発、処理負荷の最適化などにあたっている。
Unity Certified Developer（2016）

●スタッフ

- 田中 佑佳（表紙デザイン）
- 伊藤 隆司（Web連載編集）

**本書のご感想をぜひお寄せください**
https://book.impress.co.jp/books/1117101050
「アンケートに答える」をクリックしてアンケートにぜひご協力ください。はじめての方は「CLUB Impress（クラブインプレス）」にご登録いただく必要があります（無料）。アンケート回答者の中から、抽選で商品券（1万円分）や図書カード（1,000円分）などを毎月プレゼント。当選は賞品の発送をもって代えさせていただきます。

●本書の内容に関するご質問は、書名・ISBN・お名前・電話番号と、該当するページや具体的な質問内容、お使いの動作環境などを明記のうえ、インプレスカスタマーセンターまでメールまたは封書にてお問い合わせください。電話やFAX等でのご質問には対応しておりません。なお、本書の範囲を超える質問に関してはお答えできませんのでご了承ください。

●落丁・乱丁本はお手数ですがインプレスカスタマーセンターまでお送りください。送料弊社負担にてお取り替えさせていただきます。但し、古書店で購入されたものについてはお取り替えできません。

■読者の窓口
インプレスカスタマーセンター
〒101-0051 東京都千代田区神田神保町一丁目105番地
TEL　03-6837-5016　／　FAX　03-6837-5023
info@impress.co.jp

■書店／販売店のご注文窓口
株式会社インプレス 受注センター
TEL　048-449-8040
FAX　048-449-8041

# VRを気軽に体験 モバイルVRコンテンツを作ろう！（Think IT Books）

2017年9月1日　初版発行

著　者　酒井 駿介
発行人　土田 米一
編集人　高橋 隆志
発行所　株式会社インプレス
〒101-0051　東京都千代田区神田神保町一丁目105番地
TEL　03-6837-4635（出版営業統括部）
ホームページ　https://book.impress.co.jp/


印刷所　京葉流通倉庫株式会社
ISBN978-4-295-00234-5　C3055
Printed in Japan